外来入侵生物防控系列丛书

少花蒺藜草监测与防治

SHAOHUA JILICAO JIANCE YU FANGZHI

付卫东　张国良　王忠辉　等　著

中国农业出版社
北　京

著　者：付卫东　张国良　王忠辉
张瑞海　孙玉芳　张宏斌

前言

QIANYAN

外来生物入侵已成为造成全球生物多样性丧失和和生态系统退化的重要因素。我国是世界上生物多样性最为丰富的国家之一，同时也是遭受外来入侵生物危害最为严重的国家之一。防范外来生物入侵，需要全社会的共同努力。通过多年基层调研，发现针对基层农技人员和普通群众防范外来入侵生物的科普读本较少。因此，我们组织编写了《外来入侵生物防控系列丛书》。希望在全社会的共同努力下，让更多的人了解外来入侵生物的危害，自觉参与到防控外来入侵生物的战役中来，为建设我们的美好家园贡献力量。

少花蒺藜草原产地为北美洲及热带沿海地区，于20世纪40年代在我国东北发现，具有旺盛的生命力，耐旱、耐贫瘠。其入侵生境有荒地、路旁、草地、沙丘、河岸、农田、林间空地等。少花蒺藜草的刺苞常被牲畜如羊误吞食，造成机械性损伤，使羊不同程度地发生乳房炎、阴囊炎、蹄夹炎及跛行，严重时引起死亡，对羊毛的产量和质量也造成了严重的影响；同时，给农事操作带来很多不便。少花蒺藜草严重威胁农牧业的健康发展，成为我国北方地区主要害草之一。《少花蒺藜草监测与防治》一书系统介绍了少花蒺藜草分类地位、形态特征、生物学与生态学特性、检疫、调查与监测、综合防控等知识，为广大基层农技人员识别少花蒺藜草，开展防控工作提供技术指导。

本书由公益性科研院所基本科研业务费专项资金（2017）、国家重点研发计划——自然生态系统入侵物种生态修复技术和产品（2016YFC1201203）、农作物病虫鼠害疫情监测与防治（农业外来入侵生物防治）（2130108）资助。

著 者

2018年8月

目录

MULU

第一章 少花蒺藜草分类地位与形态特征

第一节　分类地位

一、系统界元

少花蒺藜草属双子叶植物纲（Dicotyledoneae），禾本目（Poales），禾本科（Poaceae）蒺藜草属（*Cenchrus* L.），一年生草本。学名*Cenchrus spinifex* Cav.；异名*Cenchrus pauciflorus* Benth.，*Cenchrus incertus* M. A. Curtis，*Cenchrus carolinianus* Walt.，*Cenchrus parviceps* Shinners；英文名Field sandbur，coast sandbur；中文别名刺蒺藜草、草蒺藜、蒺藜草、刺草、草狗子、黏黏固。原产地为北美洲及热带沿海地区的沙质土壤。

二、蒺藜草属（*Cenchrus* L.）简述

蒺藜草属是禾本科黍族蒺藜草亚族，本属约有11种（附表1-1），分布于全世界热带和温带地区，主要在美洲和非洲温带的干旱地区，印度、亚洲南部和西部到澳大利亚有少数分布。我国有2种。由于水牛草 (*Cenchrus ciliaris*) 和倒刺蒺藜草 (*C. setigerus*) 是该属重要牧草，相关研究较多且全面，而对少花蒺藜草 (*Cenchrus spinifex*) 等侧重于杂草的防除。

蒺藜草属是一年生或多年生草本植物。秆通常低矮且下部分枝较多。叶片扁平。穗形总状花序顶生；由多数不育小枝形成的刚毛常部分愈合而成球形刺苞，具短而粗的总梗，总梗在基部脱节，连同刺苞一起脱落，刺苞上刚毛直立或弯曲，内含簇生小穗1个至数个，成熟时，小穗与刺苞一起脱落，种子常在刺苞内萌发；小穗无柄；颖不等长，第一颖常短小或缺；第二颖通常短于小穗；第一小花雄性或中性，具3枚雄蕊，外稃薄纸质至膜质，内稃发育良好；第二小花两性，外稃成熟时质地变硬，通常肿胀，顶端渐尖，边缘薄而扁平，包卷同质的内稃；鳞被退化；雄蕊3枚，花药线形，顶端无毛或具毫毛；花柱2个，基部联合。颖果椭圆状扁球形；种脐点状；胚长约为果实的2/3[引自《中国植物志》，1990年第10(1)卷第375页]。

蒺藜草属特征见图1-1。

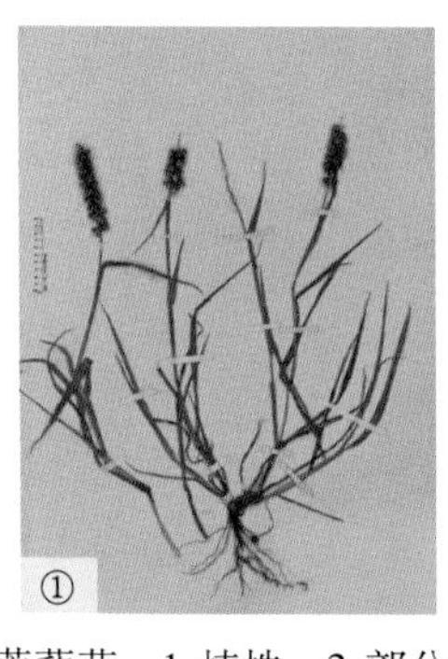

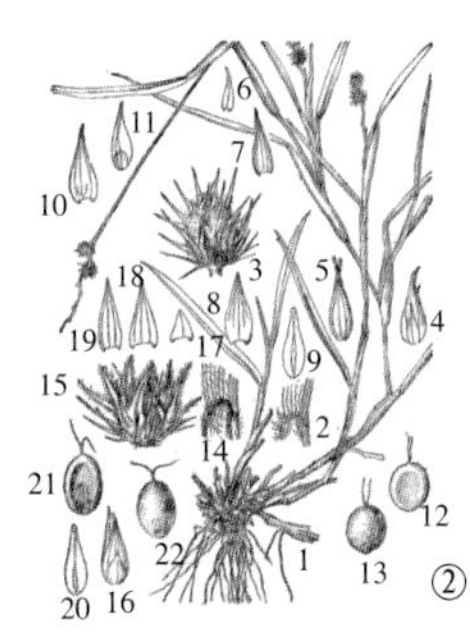

1～11.光梗蒺藜草：1.植株　2.部分叶鞘示叶舌　3.刺苞　4～5.小穗的背腹面　6.第一颖　7.第二颖　8.第一外稃　9.第一内稃　10.第二外稃　11.第二内稃　12～13.果实　14～22.蒺藜草：14.部分叶鞘和叶片示叶舌　15.刺苞　16.小穗　17.第一颖　18.第二颖　19.第一外稃　20.第一内稃　21～22.果实

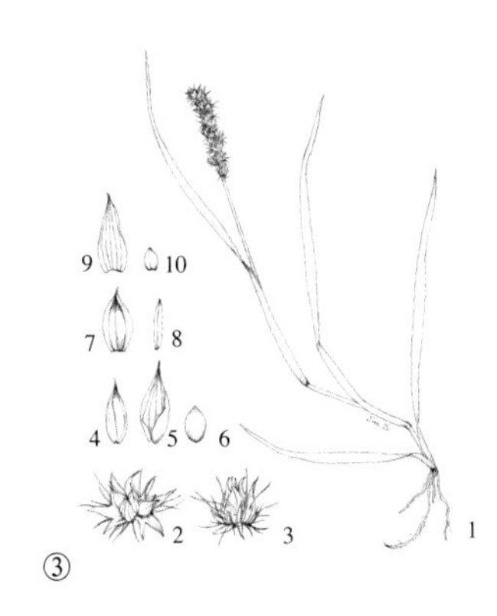

1.植株　2.小穗　3.刺苞果　4.上位内稃　5.上位外稃　6.颖果　7.下位外稃　8.下位内稃　9.内颖　10.外颖

图1-1　蒺藜草属特征

①光梗蒺藜草(台湾大学标本馆)；②光梗蒺藜草(引自《中国植物志》)；③蒺藜草（引自台湾生物多样性资讯网）；④蒺藜草（引自台湾生物多样性资讯网）。

三、命名的确定

在内蒙古科尔沁沙地中分布的一种蒺藜草属外来入侵杂草，对当地农牧业生产和生活产生严重的影响。但在各类研究结果中，对这一植物的名称使用比较混乱，如有称蒺藜草(*Cenchrus calyculata*)、蒺藜草(*C.echinatus*)、光梗蒺藜草(*C.calyculatus*)、少花蒺藜草(*C.pauciflorus*)、疏花蒺藜草(*C.pauciflorus*)和光梗蒺藜草(*C.incertus*)。根据这一情况，徐军等（2011）通过查阅多种资料和相关文献，并进行考证。为了便于学术交流，建议应统一使用光梗蒺藜草（*Cenchrus incertus*）这一名称命名。

安瑞军（2013）通过查阅文献考证，认为在我国北方分布的蒺藜草属的入侵植物为一个种，少花蒺藜草、疏花蒺藜草和光梗蒺藜草指的是同一外来入侵植物，有3个不同的中文名；从该种的3个中文名的适用范围和影响程度看，少花蒺藜草的使用较为悠久和广泛，而且为人们所熟悉，故在今后的研究和应用中，中文名建议采用少花蒺藜草，拉丁学名应采用*Cenchrus pauciflorus* Benth.，而本书中少花蒺藜草拉丁学名采用*Cenchrus spinifex* Cav.。

入侵我国北方地区的少花蒺藜草分布着许多地理生态群，主要包括两种表型：直立型和匍匐型（图

1-2)，国内研究人员对于少花蒺藜草的分类地位观点不统一。为了能进一步确定这两种表型少花蒺藜草的分类地位，我们对其作了进一步研究。直立型和匍匐型两种少花蒺藜草形态上存在较大的区别（表1-1），直立型少花蒺藜草相比匍匐型具有较大的叶片、茎直立、植株较高和一级分蘖数高，但是单株种子量和二级分蘖数低。

图1-2 少花蒺藜草表型（张浒雷，2015）
①直立型；②匍匐型。

表1-1 直立型和匍匐型蒺藜草形态特征

表型	茎	叶（毫米）	单枝种子数（粒）	株高（厘米）	一级分蘖数（个）	二级分蘖数（个）
直立型	直立	长60～300，宽5～15	8～40	20～70	10～35	1～3
匍匐型	匍匐	长40～120，宽2.5～5	20～80	15～40	4～22	3～8

四、分类检索

以刺苞为主要分种特征的分种检索表，内容如下：

1．刺苞的内层刺长于小穗，细长的硬刺仅在基部合生，外层刺多数，长于小穗……………………………………………………1．水牛草 *C. ciliari*

1．刺苞的外层刺坚硬，扁平，连合成杯状；外层刺短于内层刺或无外层刺

2．刺苞由几轮扁平刺合生而成，刺苞上有多数不规则间隔的刺着生………………………………………………2．少花蒺藜草 *C. spinifex*

2．刺苞仅由1轮扁平刺合生而成，扁平刺上端常有多轮小细刺

3．刺苞上的刺有向下的倒刺，尖；外层刺多数……………3．蒺藜草 *C. echinatus*

3．刺苞上的刺有向上的刺，外层刺少或缺………………4．倒刺蒺藜草 *C. setigerus*

第二节　形态特征

少花蒺藜草是一年生草本植物，株高15 ~ 100厘米（图1-3）。

图1-3　少花蒺藜草整株（付卫东摄）

一、根

一年生，须根较短粗，须根分布在5 ~ 20厘米的土层里，具沙套（图1-4）。

图1-4 少花蒺藜草根系（付卫东摄）

二、茎

圆柱形中空，半匍匐状，茎高15 ~ 100厘米，有明显的节和节间，基部分蘖呈丛，茎横向匍匐后直立生长，近地面数节具根，茎节处稍有膝曲，各节常分枝，秆扁圆形（图1-5）。

图1-5　少花蒺藜草茎节（付卫东摄）

三、叶

叶鞘具脊，基部包茎，上部松弛，近边缘疏生细长柔毛，下部边缘无毛，膜质；叶舌具一圈短纤毛，长0.5 ～ 1.4毫米；叶片线形或狭长披针形，叶狭长，叶长3 ～ 28厘米，叶宽3 ～ 7.2毫米，先端细长（图1-6）。

图1-6　少花蒺藜草叶（付卫东摄）

四、花

总状花序，小穗被包在苞叶内；可育小穗无柄，常2枚簇生成束；刺状总苞下部愈合成杯状，卵形或球形，长5.5 ~ 10.2毫米，下部倒圆锥形。苞刺长2 ~ 5.8毫米、扁平、刚硬、后翻、粗糙、下部具绒毛、与可育小穗一起脱落。小穗长3.5 ~ 5.9毫米，由一个不育小花和一个可育小花组成，卵形，背面扁平，先端尖、无毛。颖片短于小穗，下颖长1 ~ 3.5毫米，披针状、顶端急尖，膜质，有1脉；上颖长3.5 ~ 5毫米，卵形、顶端急尖，膜质，有5 ~ 7脉；下外稃长3 ~ 5毫米，有5 ~ 7脉，质硬，背面平坦，先端尖。下部小花为不育雄花或退化，内稃无或不明显；外稃卵行膜质长3 ~ 5（~ 5.9）毫米，有5 ~ 7脉，先端尖；可育花的外稃卵形，长3.5 ~ 5（~ 5.8）毫米，皮质、边缘较薄凸起，内稃皮质。花药3个，长0.5 ~ 1.2毫米（图1-7）。

图1-7 少花蒺藜草果穗及刺苞（付卫东摄）

五、果实和种子

颖果椭圆状扁球形，背腹压扁颖果长2.7 ~ 3.7毫米，宽2.4 ~ 2.6毫米，初熟色泽似小麦，逐渐为棕褐色；背面鱼脊状，腹面凹起似勺，顶端残存长5 ~ 8

毫米的丝状花柱，脐大明显、褐色，下方具种柄残余；胚极大，圆形，几乎占颖果的整个背面。种子见图1-8。

图1-8 少花蒺藜草种子（王忠辉摄）

第二章 少花蒺藜草扩散与危害

第一节　地理分布

一、世界分布

少花蒺藜草原产于北美洲及热带沿海地区。目前，主要分布于美国、墨西哥、阿根廷、智利、乌拉圭、澳大利亚、阿富汗、印度、孟加拉国、黎巴嫩、葡萄牙、南非等国以及西印度群岛等地。

蒺藜草属在美洲和非洲温带的干旱地区，印度、亚洲南部和西部及澳大利亚有少数分布（《中国植物志》）。罗马尼亚植物新种——少花蒺藜草（*C. pauciflorus*）1991年在黑海的沿海地区被发现（Ciocirlan V，1991）。在美国佐治亚州2个隔离的岛上，有蒺藜草属3个种：*C. tribuloides*、*C.echinatus*、*C. incertus*（Forbes A E，2005）。在匈牙利入侵植物中，少花蒺藜草多生长于沙质草地生境中，且为耕地中最为常见的外来杂草种之一(Trk K，2003)。张金兰（2011）报道，曾从澳大利亚及美国进口的小麦，从澳大利亚、美国、阿根廷、巴西进口的大豆中发现疏花蒺藜草(也称少花蒺藜草)。防城港口岸在巴西、阿根廷、乌拉圭进口的大豆中截获疏花蒺藜草（林泓等，2012）。青岛口岸也在巴西、阿根廷进口大豆中截获疏花蒺藜草（封立平，2001）。少花蒺藜草在日本也有分布（封立平，2009）。

二、国内分布

少花蒺藜草在我国辽宁、吉林、内蒙古、河北涿州等地都有分布。2011年，在辽宁西北部、内蒙古东部、吉林南部3省（自治区）交会地区分布面积约51 800公顷，危害重的面积达1 520公顷，其他地区虽未构成一定程度的危害，但也有蔓延之势。在北京有发现，另外在河北省张家口市宣化区东南部洋河南岸黄羊滩，有少花蒺藜草分布。1997年，被列入中华人民共和国进境植物检疫潜在危险性病、虫、杂草名录(孙英华等，2011；杨晓晖，2007；林秦文，2009；徐庶，2009；徐军，2011)。

少花蒺藜草在内蒙古主要分布在通辽市，与通辽市奈曼旗接壤的赤峰市敖汉旗和与通辽市科尔沁左翼中旗接壤的兴安盟科尔沁右翼中旗好腰苏木查申套铺嘎查也有分布；巴彦淖尔市磴口县地处乌兰布和沙地的沙金套海苏木的哈业素村有分布；地处毛乌素沙地边缘的内蒙古鄂托克前旗境内有疑似少花蒺藜草(徐军，2011)。

1979年，关广清等在辽宁省朝阳市最早采到少花蒺藜草标本（关东清等，1982)。1995年，杜广明等叙述少花蒺藜草在辽宁主要分布在铁岭、铁法、阜新、朝阳、锦州等辽西北地区的草场上；王巍等（2005）发现，少花蒺藜草主要集中在阜新、锦州、朝阳、铁岭以及沈阳周边地区；2006年，可欣等报道了彰武县少花蒺藜草的发生情况及防除技术；据刘旭昕等（2011）报道，在阜新蒙古族自治县少花蒺藜草的发生较重；屈年华（2008）记述疏花蒺藜草(*C. pauciflorus* Benth.)于1999年传入朝阳地区；据张锦玉（2010）记述，辽宁省北票市自 2003 年春季至 2004 年末开展了 1986 年以来首次大规模的林业有害生物普查工作，传入北票市的有毒有害杂草 4科5种，其中包括疏花蒺藜草。

目前，少花蒺藜草在辽宁的分布主要在铁岭、铁法（现为调兵山市)、朝阳、锦州、旅顺、阜新（即阜新蒙古族自治县，以下简称阜新县)、彰武、沈阳等辽西北地区（安瑞军，2014）。

少花蒺藜草在吉林主要分布于双辽市周边（王波，1999）。另据调查发现，在白城市通榆县有少花蒺藜草分布。

第二节　发生与扩散

一、入侵生境

少花蒺藜草具有旺盛的生命力，耐旱、耐贫瘠，耐寒、抗病虫害，比较适于在沙质土壤上生长。少花蒺藜草易侵入的生境有干旱沙质土壤的丘陵、沙岗、堤坝、坟地、道路两旁、地头地边、荒格、撂荒地、林间空地，甚至农田、菜园、果园和草坪里都有少花蒺藜草呈点状、带状、片状的分布。

1. 入侵沙质土壤生境　少花蒺藜草入侵沙质土壤生境（图2-1）。

2. 入侵农田生境　少花蒺藜草入侵玉米田（图2-2）。

少花蒺藜草入侵高粱地（图2-3）。

少花蒺藜草入侵谷子地和绿豆地（图2-4）。

3. 入侵林地生境　少花蒺藜草入侵次生林地（图2-5）。

图2-1 少花蒺藜草入侵沙质土壤（①张瑞海摄，②梁万琪摄）

图2-2　少花蒺藜草入侵玉米地（①张瑞海摄，②付卫东摄）

图2-3 少花蒺藜草入侵高粱地（梁万琪摄）

图2-4 少花蒺藜草入侵谷子地和绿豆地（王忠辉摄）

图2-5　少花蒺藜草入侵次生林地（付卫东摄）

少花蒺藜草入侵人工林地（图2-6）。

图2-6　少花蒺藜草入侵人工林地（①梁万琪摄，②王忠辉摄）

4. 入侵草场生境　少花蒺藜草入侵草场生境（图2-7）。

图2-7　少花蒺藜草入侵草场生境（①～③张瑞海摄，④梁万琪摄）

5.入侵河滩生境　少花蒺藜草入侵河滩（图2-8）。

图2-8　少花蒺藜草入侵河滩（张国良摄）

6.入侵海边沙滩生境　少花蒺藜草入侵海边滩涂（图2-9）。

图2-9 少花蒺藜草入侵海边沙滩（①～②付卫东摄，③张国良摄）

7. 入侵薰衣草花圃生境　少花蒺藜草入侵薰衣草花圃（图2-10）。

图2-10 少花蒺藜草入侵薰衣草花圃（付卫东摄）

二、扩散途径

少花蒺藜草传入我国可能有3种途径（杜广明，1995）：

①1942年，日本在我国东北垦殖时随牛羊传入。繁殖后，随着人们的打草、放牧及风刮雨冲等迅速蔓延。

②动植物引种时带入，尤其是种羊引入时带入。

③旅游随车船带入我国。

少花蒺藜草从发生区扩散到非发生区的传播途径如图2-11所示。

图2-11　少花蒺藜草扩散示意图

少花蒺藜草的扩散传播，长距离传播是经动植物引种、车船等的运行。何龙琼等（2013）对广西防城港口岸2002—2011年进境不同原产国转基因大豆批次、数量、品质检疫情况进行分析，结果表明：防城港口岸进境转基因大豆主要来自巴西、美国和阿根廷；检疫性杂草携带率非常高，检出率接近100%，截获检疫性杂草有少花蒺藜草(*C. pauciflorus* Benth)、刺蒺藜草(*C. echinatusd*)、长刺蒺藜草(*C. longispinus*)等16种。2014年9月，福建出入境检验检疫局从来自阿根廷满载大豆的轮船中截获少花蒺藜草等检疫性有害生物，其中少花蒺藜草为福建辖区首次截获。2015年6月，深圳蛇口出入境检验检疫局从来自阿根廷满载68 389吨大豆的轮船中截获少花蒺藜草等检疫性有害生物，其中少花蒺藜草为深圳地区首次截获（《中国国门时报》，2015）。

少花蒺藜草短距离传播是由人畜活动、风刮雨冲等。短距离内牛、羊的放牧活动，可使少花蒺藜草的刺苞附着在牛、羊的腿毛及腹毛上，其种子也可随牛、羊的活动传播（图2-12)。同时，少花蒺藜草种子也可附着放牧人的鞋、袜、衣裤上，随着放牧人的活动范围进行传播（图2-13)。所以，在牛、羊的放牧活动区，少花蒺藜草侵染日趋严重。王维升等（2006）通过实地调查，发现少花蒺藜草的刺苞挂养羊户裤筒扎踝部，被携带到人的活动场所、农田、果园、苗圃、菜地、村屯、房舍。2004年，在辽宁省朝阳市郊新建的凌河风景区发现其踪迹。经调查了解，是运输绿化树木、个体户购买牛羊携带入城。

图2-12　少花蒺藜草种子牛羊放牧短距离传播（付卫东摄）

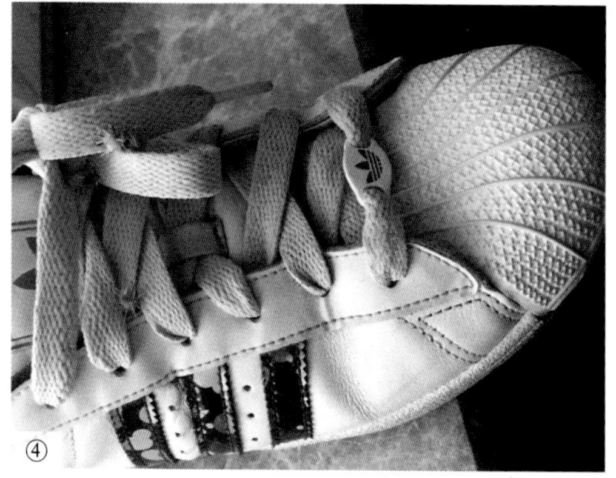

图2-13 少花蒺藜草种子人为短距离传播（①③④付卫东摄，②张国良摄）

为进一步了解少花蒺藜草的扩散路径，对少花蒺藜草入侵地区设置16个地理种群取样点（图2-14），并对各地理种群样本进行分子检测和计算遗传距离分析，具体样点信息见表2-1。

表2-1 具体样点信息

采集地点	编号	坐标
内蒙古自治区赤峰市敖汉旗	AH-A	N：42° 28.935′ E：119° 20.353′
内蒙古自治区赤峰市敖汉旗	AH-B	N：41° 99.307′ E：120° 07.978′
内蒙古自治区赤峰市敖汉旗	AH-C	N：42° 47.007′ E：120° 52.357′
辽宁省朝阳市	CY	N：41° 32.050′ E：120° 27.301′
辽宁省锦州市凌海市	LH	N：41° 18.541′ E：121° 27.301′
辽宁省锦州市义县	YX	N：41° 32.878′ E：121° 14.651
辽宁省阜新市彰武县	ZW	N：42° 48.454′ E：121° 58.608′
内蒙古自治区通辽市科尔沁区大林镇	TL-Ⅰ	N：43° 43.691′ E：122° 41.191′
内蒙古自治区通辽市科尔沁左翼后旗金宝屯镇	TL-Ⅱ	N：43° 22.596′ E：123° 29.339′
内蒙古自治区通辽市科尔沁左翼后旗	TL-Ⅲ	N: 43° 00.867′ E：122° 25.094′
内蒙古自治区通辽市库伦旗澳伦新村	TL-Ⅳ	N：42° 48.454′ E：121° 58.608′

（续）

采集地点	编号	坐标
内蒙古自治区通辽市科尔沁左翼中旗小努日木村	TL-Ⅴ	N：43° 96.938′ E：123° 10.286′
内蒙古自治区通辽市科尔沁左翼中旗花吐古拉镇	TL-Ⅵ	N：43° 86.697′ E：122° 8.384′
内蒙古自治区通辽市四合屯牧场	TL-Ⅶ	N：43° 39.292′ E：122° 03.710′
内蒙古自治区通辽市开鲁县大泡子村	TL-Ⅷ	N：43° 31.583′ E：121° 28.904′
内蒙古自治区通辽市奈曼旗八仙筒镇	TL-Ⅸ	N：43° 11.857′ E：121° 15.469′

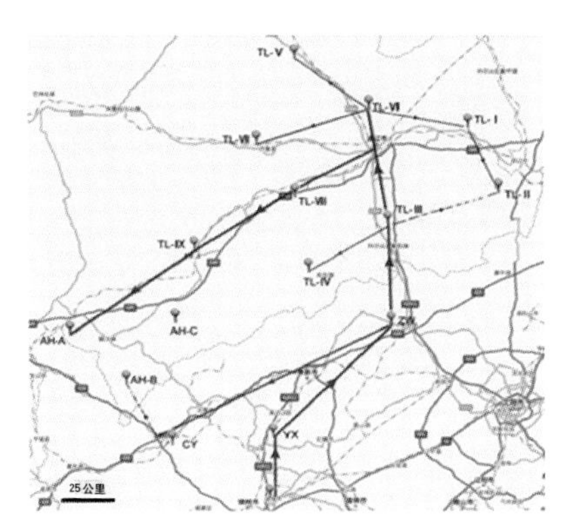

图2-14 少花蒺藜草16个地理种群采样点分布

采用Nei's遗传一致度（I）和遗传距离（D）对入侵我国北方地区不同生态群少花蒺藜草遗传分化

程度进行分析。16个地理种群中，样点TL-Ⅵ与样点TL-Ⅷ的遗传一致度最高，遗传距离最近（I=0.891 9，D=0.114 4），亲缘关系近；而样点TL-Ⅵ与样点TL-Ⅲ、样点AH-A与样点YX及样点YX与样点TL-Ⅱ 3组的遗传距离远，亲缘关系稍远。

为了进一步确立这16个地理种群的亲缘进化关系，基于Nei's遗传距离来构建UPGMA聚类图谱（图2-15）。当遗传相似度阈值为0.6时，可将16个地理种群划分成5个类，即内蒙古自治区赤峰市敖汉旗西部地区、辽宁省锦州市、凌海市与义县、内蒙古自治区通辽市科尔沁左翼后旗与辽宁省朝阳市及彰武县、内蒙古自治区通辽市库伦旗、通辽市奈曼旗与科尔沁左翼中旗及赤峰市敖汉旗北部地区少花蒺藜草亲缘关系较近。当遗传距离阈值为0.79时，可基本将所有居群分开。

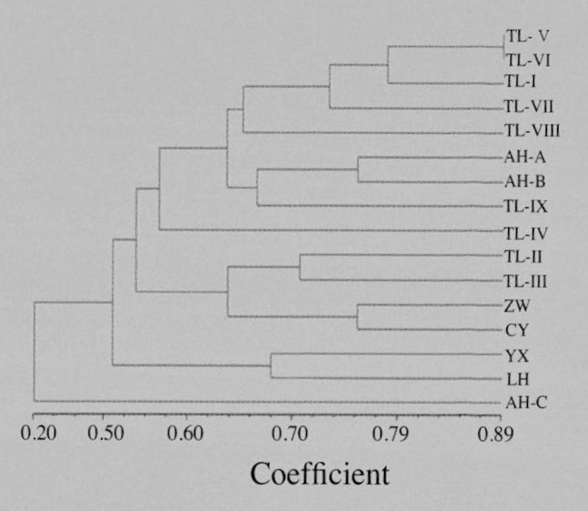

图2-15　我国北方地区不同地理种群的少花蒺藜草UPMGA聚类图

通过分析，可以清晰地判断出我国北方地区少花蒺藜草的入侵路线。试验表明，赤峰市敖汉旗所取的3个样点的少花蒺藜草入侵途径不同。南部地区（AH-B）少花蒺藜草与辽宁省朝阳市亲缘关系较近（*D*=0.475 4），北部地区(AH-A)与通辽市奈曼旗亲缘较近（*D*=0.432 9）。辽宁省凌海市与义县两地的少花蒺藜草亲缘关系较近（*D*=0.392），而义县又与彰武县亲缘关系较近（*D*=0.519 9）。同时，彰武县与通辽市科尔沁左翼后旗样点间的遗传距离也相对较小，通辽市境内的各个取样点之间的关系也可以根据遗传距离明确。入侵内蒙古、辽宁地区的少花蒺藜草传播有两条主线：即凌海—义县—彰武—通辽市科尔沁左翼后旗—通辽市科尔沁左翼中旗，同时彰武地区的少花蒺藜草又扩散到朝阳市、通辽市科尔沁左翼后旗地区扩散到库伦旗；通辽市科尔沁左翼中旗—开鲁县—奈曼旗—赤峰市敖汉旗，同时库伦旗的少花蒺藜草也向敖汉旗方向扩散。

少花蒺藜草在辽宁进一步扩展的途径（邱月，2009）：

（1）沿101国道扩散。101国道在辽宁境内阜新段公路两侧全分布有少花蒺藜草，101国道通往各地车辆多，而分布于公路两侧少花蒺藜草果实极易被过往车辆携带到其他城市，将迅速沿交通干线扩大分布面积，并蔓延到林地等自然生态系统。

（2）沿大凌河扩散。大凌河是辽宁辽西地区最大的河流，是辽西地区主要灌溉水源，也是辽西地区重要水源，其下游流经辽宁省重要城市。一旦沿大凌河蔓延，扩散到京沈高速公路两侧，后果将不堪设想。目前，已在凌海市大凌河桥下发现大面积少花蒺藜草。

第三节　入侵风险评估

王巍等（2005）通过对辽宁少花蒺藜草调查，少花蒺藜草在辽西北阜新、铁岭、朝阳、锦州、调兵山等市发生面积有 51 800公顷。王波等（1999）通过对吉林省双辽市少花蒺藜草进行调查，吉林省双辽市 68 666公顷草原随处可见。近几年，少花蒺藜草在内蒙古科尔沁草原一带，从零星出现到迅速蔓延，几年时间已侵染了许多草场，定殖后表现出严重的入侵扩散性。根据少花蒺藜草在辽宁西北及周边地区的发生情况及其适生性和适应气候情况分析，与辽西北相似的地区均能成为少花蒺藜草的适生区。我国许多地方气候条件温和，大部地区都是少花蒺藜草的适生区，一旦侵入、传播、扩散，将会造成严重危害（孙英华，2011）。

按照 WTO 的 SPS 协定原则，遵循联合国粮农组织（FAO）《国际保护公约（IPPC）》有害生物风险分析（PRA）的准则，根据检疫性有害生物风险分析程序，从地理评估和管理标准、定殖及定殖后扩散和入侵可能性、传播途径和危害性、防控的可能性和难度等方面对少花蒺藜草的入侵风险进行分析。结果表明，少花蒺藜草在我国的适生面积广，定殖、传播、扩散能力强；种子量大，危害性大，防控难，一旦进一步传入、扩散，将对我国的国民经济、生态环境和农业生产造成极大的破坏，所以少花蒺藜草属于高风险的恶性入侵植物（孙英华，2011）。

第四节 危 害

少花蒺藜草主要以成熟的刺苞造成危害，在其刺果成熟期，生长区内人畜难行。

一、对草原生态系统的破坏

植物外来种对生态系统的影响主要体现在生产力、土壤营养、水分、干扰体制、群落的结构和动态等方面（彭少麟，1999）。根据对少花蒺藜草生长区的观察，少花蒺藜草生命力极强，传入某一生境后能迅速繁殖，与其他牧草争光、争水、争肥，抑制其他牧草生长，使草场品质下降，优良牧草产量降低（郝阳春，2012)。

周立业等（2013）通过对科尔沁沙地人工固沙林群落中少花蒺藜草种群动态及群落多样性进行调查分析，认为少花蒺藜草的入侵对群落的多样性产生不利影响，影响了整个生物群落的结构组成。

在自然界长期进化过程中，各种植物之间相互制约、相互协调，将各自的种群限制在一定的栖境和数量，形成了稳定的生态平衡系统。当少花蒺藜草传入新的栖境后，缺少天敌的抑制，极易大肆扩散蔓延，形成大面积单优群落，对草原畜牧业造成的损失极其严重（安瑞军，2015)。

少花蒺藜草对生态的破坏见图2-16。

图2-16　少花蒺藜草入侵成为优势种群（梁万琪摄）

二、机械损伤

少花蒺藜草的果实成熟后，其刺苞非常坚硬，可对人畜等造成机械损伤。对重发区调查时，在少花蒺藜草生长区中行走，其刺苞挂满裤腿，并难以摘下。有时还会刺到皮肤，一旦被扎，皮肤红肿瘙痒、疼痛难忍，几天后才能痊愈。少花蒺藜草的坚硬刺苞可刺伤羊的皮肤，使羊不同程度地发生乳房炎、阴囊炎、蹄夹炎及跛行，直接影响羊的采食、哺乳、放牧和健康，降低其生产性能，给农牧民的生产、出行带来不便。特别是秋收的农事操作，刺苞极易着身，甚至扎坏自行车、摩托车的轮胎（高晓萍，2008；杜文明，1995；王秀英，2005；安瑞军，2015）。

三、对羊的肠胃损伤

王巍等（2009）通过利用结实期的少花蒺藜草分别饲喂羊、鹅、牛，剖检后发现，对羊的损伤最重，对鹅的损伤次之，对牛的损伤最小。

羊采食结实期的少花蒺藜草后容易刺伤口腔，形成溃疡，刺破肠胃黏膜并被结缔组织包被形成草结，影响正常的消化吸收功能，从而影响膘情。严重时，造成肠胃穿孔，引起死亡。采食其刺苞没有死亡的羊被屠宰后，口腔和食道均有不同程度的损伤，表层分布着许多出血斑痕，有的已发生溃疡，有少量少花蒺藜草的刺苞已刺入食道管壁，被结缔组织包埋。受害较为严重的是胃和肠道，虽然胃和肠道的溃疡面较小，但大部分已刺入消化道的少花蒺藜草的刺苞在管壁内被结缔组织包埋形成草结，最多达每 10 平方厘米有 4 个草结。致使屠宰后羊的肠、胃无法食用（王巍，2009；安瑞军，2015）。

四、对羊毛产量和质量的损失

在少花蒺藜草严重侵染地区，放牧羊群的羊全身黏满少花蒺藜草的刺苞，给养羊者对羊的鉴定、测重、驱虫、药浴、接产、哺乳、分群、转群、出售等管理工作也带来极大不便，同时降低了工作效率，给养羊者造成相当大的损失。少花蒺藜草的刺苞混入羊毛中，使羊毛的品质下降，给毛纺厂选毛、洗毛带来很大困难，从而使毛纺品出现疵点，降等降级，降低出口率，造成重大损失。羊的腿毛和腹毛被大量刮掉，使产毛量下降。据调查统计，少花蒺藜草每年可从每只羊身上刮掉腹毛和腿毛 200克左右。饲养1万只绵羊，仅羊毛1项1年受少花蒺藜的影响，产量损失就达 2 000 千克(王维升等，2006；邱月等，2009，安瑞军等，2015)。

五、间接危害

在少花蒺藜草严重侵染地区，不仅对放牧羊群羊毛的生产造成相当大的损失，而且少花蒺藜草分布在田间，给农事操作带来很多不便，降低了农事操作效率，增加了投入成本。杜广明等（1995）对辽宁省锦州市小东种畜场调查估算，因少花蒺藜草挂掉腹毛和腿毛以及清除羊毛中少花蒺藜草的损失每年竟达4万多元。邱月等（2009）通过调查估算，少花蒺藜草对辽宁省所造成的平均直接经济损失超过 500万元。王巍等（2005）对少花蒺藜草对辽宁省阜新市彰武县的危害进行了估算，彰武县耕地面积10万公顷，受少花蒺藜草侵占的面积6. 5万公顷，占到了65%，人工防治费用人工90元/公顷、药剂75元/公顷，减产计120元/公顷，其他误工计105元/公顷(消耗评价法)，总计损失 390 元/公顷，彰武县每年受少花蒺藜草危害损失就达 2 548 万元。

第三章 少花蒺藜草生物学与生态学特性

第一节 生物学特性

一、生长特性

少花蒺藜草在农田长势好于其他任何生境，4 ~ 5月生根发芽，生长期长；在荒郊野外通常于6 ~ 7月的雨季高温时发芽，一直持续到9月末10月初的霜降后萎蔫（王维升，2006）。

周立业等（2012）对科尔沁区辽河西人工疏林草地中少花蒺藜草种群全生育期生物学特性进行调查。结果表明，少花蒺藜草于5月下旬出苗；6 ~ 7月生长速度最快；7月20日抽穗；7月25日开花结实，根长、叶数、根数不再增加；8月10日株高达到最大，为

(41.81±1.20）厘米；8月30日单株生物量达到最大，分别为（20±1.45）克（地上）、(12±0.67）克（地下)，单株结实数为（151±21）个。

王坤芳对辽宁省阜新市彰武县少花蒺藜草物候期进行观察，少花蒺藜草在彰武县于4月24日开始见出苗，6月中下旬达出苗盛期；6月4日始出现分蘖，7月初达到盛期，6月下旬至7月上旬为少花蒺藜草快速营养生长时期；少花蒺藜草植株于7月14日始见抽穗，8月上旬达到盛期；果实于8月上旬始见成熟，9月下旬为种子成熟盛期；10月10日停止发育（表3-1)。少花蒺藜草属于一年生、以种子进行有性繁殖的草本植物，其整个生育期从出苗至果实成熟需经历5个月左右的时间(王坤芳，2016；彭爽等，2015)。

表3-1　少花蒺藜草物候期调查（王坤芳，2016）

项目	出苗期	分蘖期	抽穗期	成熟期
始期（≤20%）	4月24日至5月27日	6月4～18日	7月14～23日	8月6～22日
盛期（20%～80%）	5月28日至6月18日	6月18日至7月3日	7月24日至8月6日	8月23日至9月22日
末期（80%～100%）	6月19日至7月23日	7月4～16日	8月7～29日	9月23日至10月10日

彭爽等（2015）通过对彰武县少花蒺藜草的田间发生动态进行调查，试验表明，彰武县少花蒺藜草从春天开始出苗后，受到降水等气象因子的影响，会陆续出苗，一直到7月下旬，高峰期为6月下旬至7月上旬（表3-2）。

表3-2　少花蒺藜草5个样方拔除试验调查表（彭爽等，2015）

单位：株

样方序号	5月27日	6月11日	6月25日	7月9日	7月23日	8月6日	合计
1	34	95	87	49	8	1	274
2	7	38	62	61	7	0	175
3	39	68	108	29	7	0	251
4	12	72	63	54	4	0	205
5	20	45	122	41	10	2	240
平均							229

注：1个样方面积为0.25平方米。

内蒙古通辽市分布的少花蒺藜草一般在4月末开始发芽，在5月10日左右的时间段内针叶出土，6月1日左右属于3叶期，在20日左右进行抽茎的分蘖，在7月20日左右出现抽穗，8月5日左右达到开花结实，在10月10日左右出现严霜后停止整体的发育（斯日古楞等，2015）。

通辽市春天少花蒺藜草的出苗情况（图3-1）。

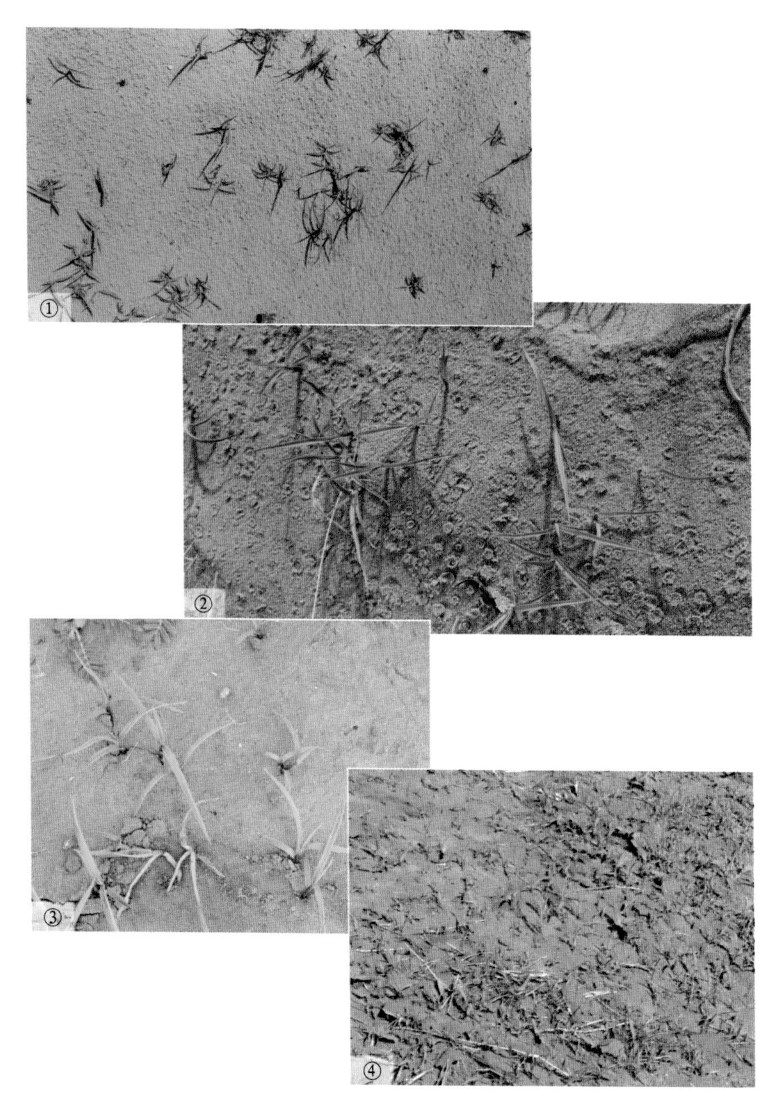

图3-1 通辽市少花蒺藜草野外出苗情况
(①②张瑞海摄，③④梁万琪摄)

分布于内蒙古自治区赤峰市敖汉旗的少花蒺藜草一般在6月中旬出苗，其出苗时间主要取决于降雨。降雨量在5毫米以上时，种子即可萌发。一般降雨后6～7天出苗，平均出苗深度3.8厘米，最浅出苗深度0.7厘米，最深出苗深度可达10.6厘米。每出现一次较大降雨或每浇一次水，即有新植株萌发，直到8月下旬仍有新生植株。气候条件正常的年份，7月下旬开始开花，出苗后40天左右开花结实（董文信，2010）。

二、种子休眠特性

少花蒺藜草种子具有休眠特性。周立业等（2013）对当年采集的少花蒺藜草种子进行低温(0～4℃)和室温(18～25℃)储藏，储藏时间分别为1个月、3个月、6个月。试验结果表明，储藏1个月和3个月的种子均不发芽，说明少花蒺藜草种子具有休眠性；两种条件下储藏6个月的种子均能正常发芽，说明少花蒺黎草种子在一段时间后能自动解除休眠。

王坤芳等（2015）经试验证明，少花蒺藜草种子具有休眠特性。经室温干燥储存、低温层积和室外土埋储存 15天、30天的少花蒺藜草种子，几乎不能萌发；而冰箱冷藏低温层积处理 75天的种子与室温干燥储存后具有相同的萌发率，萌发率分别为 66.25%和63.75%，两者之间无显著性差异，并且明显高于室外土埋储存处理种子萌发率46.25%。由此可见，低温层积并非少花蒺藜草种子打破休眠的必备条件。

光照会抑制处于休眠期的少花蒺藜草种子的萌发，对解除休眠的少花蒺藜草种子萌发抑制不显著，说明光照会促进少花蒺藜草种子的次生休眠(刘露平等，2014)。

三、种子繁殖、萌发特性

少花蒺藜草以种子繁殖。在整个生育期内，其种子随时可以萌发，并开花结实。少花蒺藜草的繁殖系数很高，平均每株结实70～80粒（可长成140～160棵植株)，最多可达500粒以上。特别耐旱，当环境（主要是水分）特别恶劣时分蘖减少，但植株能结实，完成其生活周期。土壤中不同深度的少花蒺藜草种子在适宜的温度、湿度和空气条件下可随时萌发、繁殖，遇伏雨后较深层的种子也能迅速萌发。每个刺苞中的2粒种子在遇到适宜的条件时，只其中的一粒吸水萌发形成植株；另一粒被抑制，处于几乎不吸水的休眠状态，保持生命力。当萌发形成的植株受损死亡时，另一粒未萌发的种子很快打破休眠形成植株繁殖(杜广明，1995；王巍，2005，唐昆，2006；梁维敏，2012)。

少花蒺藜草种子在较低温度(15℃)下萌发晚、发芽率低，随温度的升高，种子萌发加快，发芽率也有所增加；但在20 ~ 25℃发芽率达到最高，30℃时发芽率出现明显下降。原因可能是，过高的温度使得种子内部某些活性部分受到抑制而不能完全萌发。所以认为，20 ~ 25℃为少花蒺藜草种子最佳萌发温度(王志新，2008；王坤芳，2015)。刘露萍等（2014）通过试验表明，少花蒺藜草种子萌发温度范围为15 ~ 40℃，最适萌发温度为25℃，萌发的临界温度为10 ~ 15℃（图3-2）。

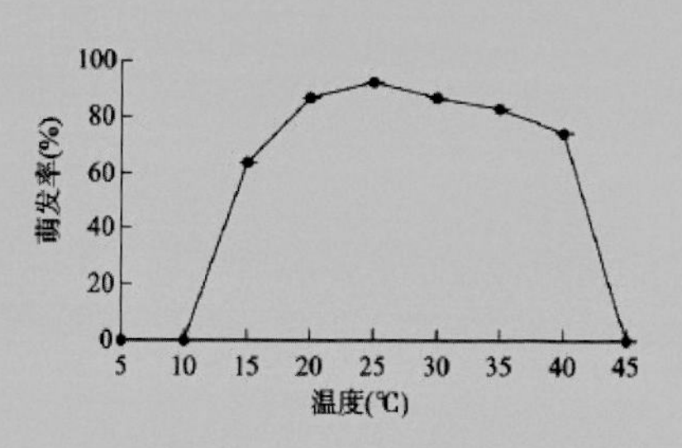

图3-2　少花蒺藜草种子萌发临界温度(刘露萍等，2014)

徐军等（2011）通过试验表明，少花蒺藜草种子的粒位不同，其种子形态和萌发特性不同。穗上部种子的发芽率、发芽速度较高，下部种子发芽率、发芽速度较低。种子的大小影响少花蒺藜草种子的发芽率、平均发芽速度。较大的种子先发芽，较小的种子后发芽。

研究发现，若将两粒种子从刺苞中剥出时，两粒种子都能正常的萌发（图3-3）。这个现象说明，休眠的种子是作为萌发种子的备份存在，而它们之间也存在着复杂的调控关系。

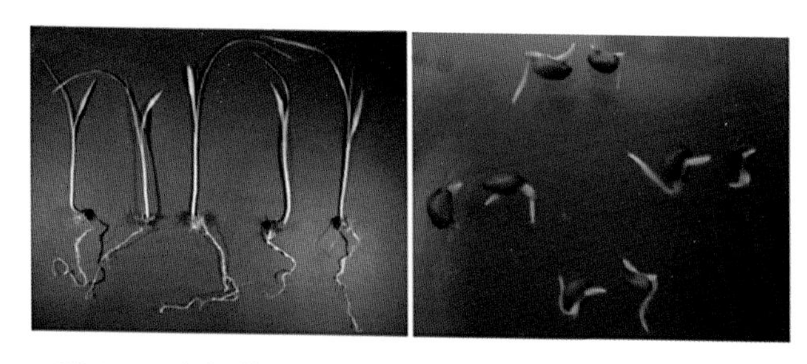

图3-3　少花蒺藜草种子刺苞内外两粒种子萌发状况
（张衍雷摄）

实验室中少花蒺藜草种子萌发情况见图3-4。

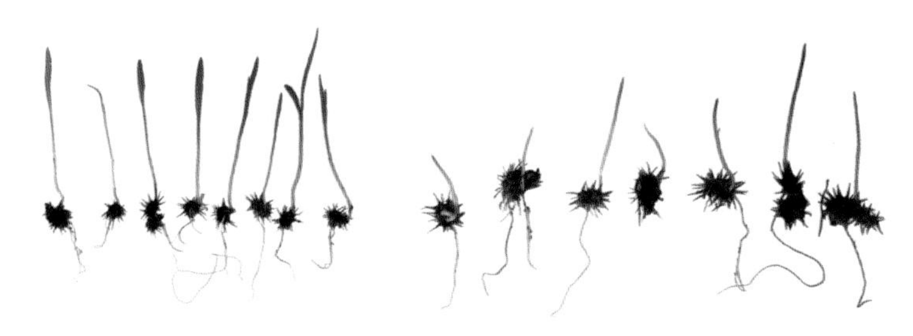

图3-4　少花蒺藜草种子萌发情况

为进一步了解少花蒺藜草种子萌发和休眠的分子机制，采用等压标记相对定量和绝对定量（iTRAQ）分析等方法对少花蒺藜草的种子进行动态蛋白质组学分析研究，研究结果如下：

将1.4倍差异和*P*值小于0.05的差异表达蛋白定义为显著差异表达。一共有161个差异蛋白从休眠与萌发的种子中被鉴定出来（图3-5）。其中，109个为上调蛋白，52个为下调蛋白。基于Gene Ontology (GO) 和Kyoto Encyclopedia of Gene and Genomes (KEGG) 分析，差异蛋白按照其可能的生物学功能被分为7个不同组。包含蛋白最多的组有核糖体蛋白与碳水化合物代谢相关蛋白。

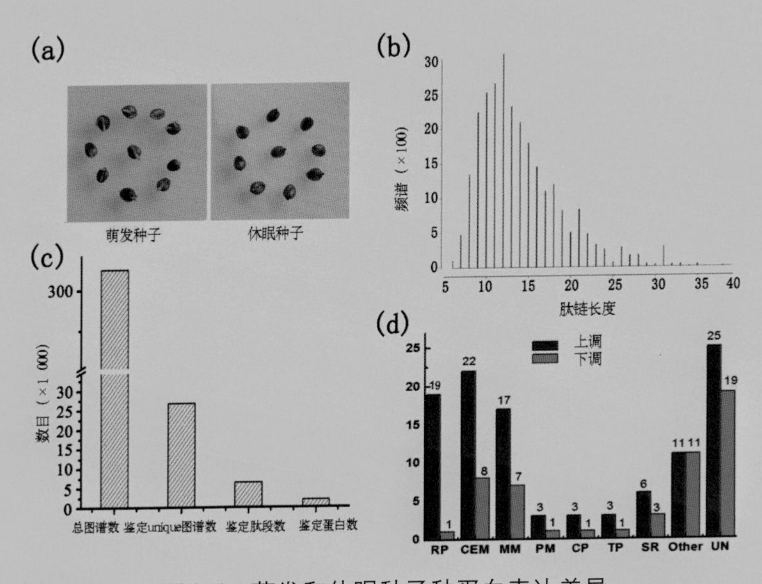

图3-5　萌发和休眠种子种蛋白表达差异

RP：核糖体蛋白　CEM：碳水化合物和能量代谢　MM：高分子机理
PM：蛋白质修饰　CP：细胞骨架蛋白　TP：转运蛋白　SR：压力反应
other：其他　UN：未鉴定蛋白

为了鉴定蛋白组学分析的精确性和真实性，使用ELISA来分析了4个候选蛋白的表达水平，这4个蛋白包括蔗糖磷酸合成酶(SPS)、组蛋白(H2A)、果糖二磷酸醛缩酶(FBA)、柠檬酸合成酶。结果显示，这4个蛋白在发芽种子中表达上调，与蛋白组学分析一致。

在蛋白组分析中，鉴定出20个核糖体蛋白在萌发与休眠的种子中差异表达。其中，19个在萌发种子中上调，1个下调。上调蛋白为9个核糖体大亚基蛋白和10个核糖体小亚基蛋白。下调核糖体蛋白为酸性核糖体大亚基蛋白P1。这些结果显示，在少花蒺藜草种子萌发过程中，大量核糖体蛋白被合成用于核糖体的募集来合成蛋白质。在这些差异表达的核糖体蛋白中，核糖体小亚基蛋白S6e在真核生物的核糖体蛋白合成中起着重要作用。S6e被胰岛素途径中的分支途径磷酸酰基醇三激酶途径（PI3K）的p70核糖体蛋白S6激酶(P70S6K)所调控，选择性地翻译核糖体蛋白mRNA和延伸因子。因此，在蛋白组学分析中，萌发种子中上调的核糖体蛋白可能是被S6e所调控。

在差异蛋白中，淀粉磷酸化酶（SP1、SP2、SP3)、蔗糖合成酶、蔗糖磷酸合成酶、beta-呋喃果糖苷酶在萌发种子中上调表达。淀粉磷酸化酶家族是糖原代谢过程中的关键酶，在动物与酵母中，SP由胰岛素信号通过PI3K途径来调控。同时，PI3K途径和胰岛素信号在植物中也有报道。因此，胰岛素信号可能类似于动物和酵母通过PI3K途径调控了SP，这可能涉及了少花蒺藜草种子萌发的调控，上调的SP家族蛋白可能促进了少花蒺藜草种子的萌发。

在蛋白组分析中，发现很多核糖体蛋白以及3个SP在萌发种子中上调表达。在动物与酵母中，胰岛素或类胰岛素生长因子（IGF）调控核糖体蛋白的生物合成。与此同时，SP是糖原代谢途径中的关键酶，而这个酶在动物与酵母当中也是由胰岛素信号途径通过PI3K途径来调控的。在一些植物当中，IGF和PI3K途径的基因也有报道。因此，为了验证胰岛素是否能通过调控核糖体合成与碳水化合物代谢来调控少花蒺藜草种子萌发，使用重组人胰岛素来处理少花蒺藜草种子。当使用4.54微克/毫升的胰岛素时，同一刺苞中的2粒种子都能够萌发。此外，这个浓度的胰岛素也能够促进刺苞外的种子萌发。胰岛素处理后的种子，吸水后36小时的萌发率显著高于对照。这些结果证明，胰岛素是控制少花蒺藜草种子吸水后萌发与休眠的关键因素。

四、土壤种子库

土壤种子库(soil seed bank)是指存在于土壤上层凋落物和土壤中全部存活种子的总和（Simpson，1989；于顺利等，2003；赵凌平等，2008）。在群落中，植物所产生的种子最终要落到土壤中，只要土壤中种子的生命力没有丧失，一旦有了发芽的机会便可发芽生长（杨允菲，1995）。因此，土壤种子库是种群定居、生存、繁衍和扩散的基础。土壤种子库时期是植物种群生活史的一个重要阶段，J. L. Harper（1977）称其为潜种群阶段，与植物群落的动态有着直接的关系，在植被的发生和演替、更新和恢复过程中起着重要的作用，退化生态系统的恢复与重建都涉及种子库的时空格局、种子萌发和幼苗的补充更新（邓自发，1977）。土壤种子库研究是生物多样性研究中不可缺少的一部分，是植物基因多样性的潜在提供者（Harper，1977）。所以，土壤种子库在维持种群和群落的生态多样性以及遗传多样性方面具有重要的意义。

土壤种子库总模型和土壤种子库动态见图3-6、图3-7。

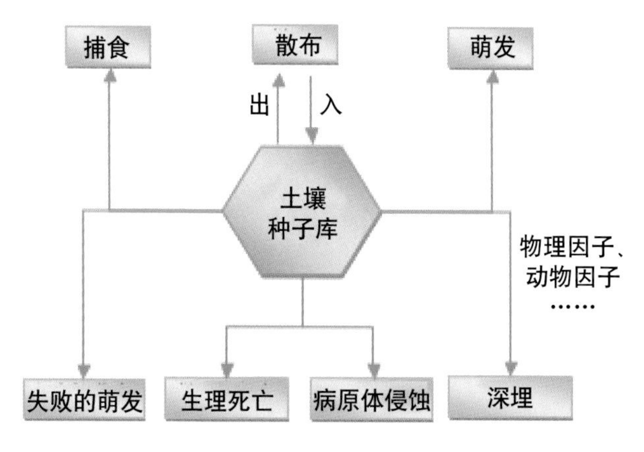

图3-6　土壤种子库总模型（引自Simpson，1989）

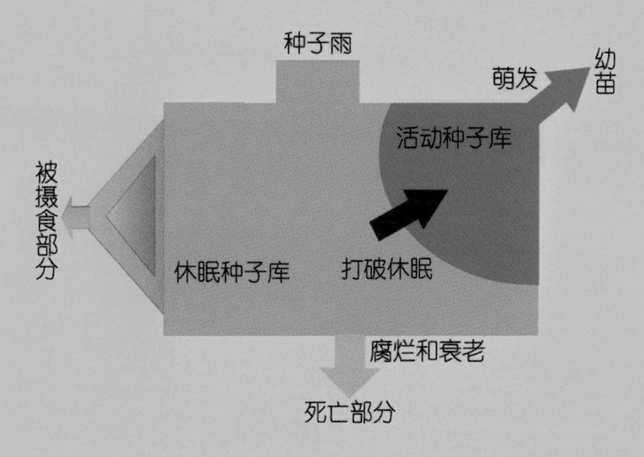

图3-7 土壤种子库的动态（引自张志权，1996）

田迅等（2015）通过野外调查取样与室内试验相结合，对科尔沁沙地5个不同生境样地少花蒺藜草种子库数量特征与刺苞生活力结构特征进行了分析。结果表明，不同样地间种子库大小差异显著，高林屯样地刺苞总数和未萌发刺苞数显著高于其他样地（$P < 0.05$），巴胡塔样地已萌发刺苞数最高。高林屯样地未萌发刺苞种子的比例达77%，其他样地以2粒种子为主。所有样地未萌发刺苞内较大的种子（呈芒形）和较小的种子（呈心形）均有活性且比例最高(67%)，而已萌发刺苞以较大的种子和较小的种子均萌发（36%）为主要类型。

为进行少花蒺藜草种子库研究，在辽宁省阜新市彰武县选取玉米和大豆间作耕地(N：42° 34.640′ ，

E：122°30.131′）及天然草场(N：42°26.543′，E：122°33.918′）两个典型生境作为样地，开展少花蒺藜草土壤种子库调查（图3-8、图3-9）。调查结果表明：

图3-8　调查少花蒺藜草种子库野外采样（付卫东摄）

图3-9 少花蒺藜草种子库发芽试验（张国良摄）

1. 土壤种子库的种类组成及数量　两个样地中共鉴定出25种植物。其中，天然草场有24种植物，隶属于12科24属，种子库总储量为19 239粒/平方米，优势物种为少花蒺藜草（*C. spinifex*）、长萼鸡眼草（*Kummerowia stipulacea*）、马唐（*Digitaria sanguinalis*）、牛筋草（*Eleusine indica*），种子储量分别为12 923粒/平方米、1 653粒/平方米、1 460粒/平方米、1 323粒/平方米，分别占总储量的67.72%、8.66%、7.65%、6.93%；玉米-大豆间作旱田有17种植物，隶属于10科16属，种子库总储量为11 491粒/平方米，优势物种为少花蒺藜草（C. *Spinifex*）马唐(*Digitaria sanguinalis*)、地肤（*Kochia scoparia*)、藜（*Chenopodium album*)，种子储量分别为8 960粒/平方米、817粒/平方米、413粒/平方米、363粒/平方米，分别占总储量的79.74%、7.27%、3.68%、3.23%。从表3-3和表3-4可以看出，两个样地共有相同物种16种，少花蒺藜草为两个样地的优势物种；从物种的丰富度和种子总储量比较看，天然草原生境要大于旱作农田。

表3-3　天然草原样地土壤种子库各物种组成及其所占储量比例

物种	科	属	储量（粒/平方米）	比例（%）
少花蒺藜草 *Cenchrus spinifex*	禾本科 Poaceae	蒺藜草属	12 923	67.72
长萼鸡眼草 *Kummerowia stipulacea*	豆科Legume	鸡眼草属	1 653	8.66
猪毛菜*Salsola collina*	藜科 Chenopodiaceae	猪毛菜属	63	0.33
藜*Chenopodium album.*	藜科 Chenopodiaceae	藜属	40	0.21

（续）

物种	科	属	储量（粒/平方米）	比例（%）
狗尾草*Setaira viridis*	禾本科 Poaceae	狗尾草属	553	2.90
反枝苋*Amaranthus retroflexus*	苋科 Amaranthaceae	苋属	47	0.24
蒺藜*Tribulus terrestris*	蒺藜科 Zygophyllaceae	蒺藜属	20	0.10
牛筋草*Eleusine indica*	禾本科 Poaceae	穇属	1 323	6.93
大画眉草*Eragrostis cilianensis*	禾本科 Poaceae	画眉草属	367	1.92
苘麻*Abutilon theophrasti*	锦葵科 Malvaceae	苘麻属	3	0.02
马齿苋*Portulaca oleracea*	马齿苋科 Portulaceae	马齿苋属	30	0.16
苣荬菜*Sonchus arvensis*	菊科Compositae	苣荬菜属	3	0.02
香附子*Cyperus rotundus*	莎草科 Cyperaceae	莎草属	10	0.05
圆叶牵牛*Pharbitis purpurea*	旋花科 Convolvulaceae	牵牛属	3	0.02
龙葵*Solanum nigrum*	茄科Solanaceae	茄属	3	0.02
马唐*Digitaria sanguinalis*	禾本科 Poaceae	马唐属	1 460	7.65
苍耳 *Xanthium sibiricum*	菊科Compositae	苍耳属	3	0.02

（续）

物种	科	属	储量（粒/平方米）	比例（%）
稗 *Echinochloacrusgali*	禾本科 Poaceae	稗属	277	1.45
铁苋菜*Acalypha australis*	大戟科 Euphorbiaceae	铁苋菜属	7	0.03
地锦草*Euphorbia humifusa*	大戟科 Euphorbiaceae	大戟属	17	0.09
野西瓜苗*Hibiscus trionmum*	锦葵科 Malvaceae	木槿属	20	0.10
茵陈蒿*Artemisia capillaris*	菊科Compositae	蒿属	27	0.14
打碗花*Calystegia hederacea*	旋花科 Convolvulaceae	打碗花属	10	0.05
刺儿菜*Cirsium setosum*	菊科Compositae	蓟属	377	1.99

表3-4　旱作农田样地土壤种子库各物种组成及其所占储量比例

物种	科	属	储量（粒/平方米）	比例（%）
少花蒺藜草*Cenchrus spinifex*	禾本科 Poaceae	蒺藜草属	8 960	79.74
藜*Chenopodium album*	藜科 Chenopodiaceae	藜属	363	3.23
猪毛菜*Salsola collina*	藜科 Chenopodiaceae	猪毛菜属	33	0.30

（续）

物种	科	属	储量（粒/平方米）	比例（%）
蒺藜*Tribulus terrestris*	蒺藜科 Chenopodiaceae	蒺藜属	20	0.18
狗尾草*Setaira viridis*	禾本科 Poaceae	狗尾草属	57	0.50
凹头苋 *Amaranthus lividus*	苋科 Amaranthaceae	苋属	67	0.59
牛筋草*Eleusine indica*	禾本科 Poaceae	穇属	123	1.10
马齿苋*Portulaca oleracea*	马齿苋科 Portulaceae	马齿苋属	223	1.97
反枝苋 *Amaranthus retroflexus*	苋科 Amaranthaceae	苋属	93	0.83
刺儿菜*Cirsium setosum*	菊科Compositae	蓟属	20	0.18
龙葵*Solanum nigrum*	茄科Solanaceae	茄属	266	2.37
打碗花 *Calystegia hederacea*	旋花科 Convolvulaceae	打碗花属	6	0.05
苘麻*Abutilon theophrasti*	锦葵科 Malvaceae	苘麻属	3	0.03
大画眉草 *Eragrostis cilianensis*	禾本科 Poaceae	画眉草属	20	0.18
马唐*Digitaria sanguinalis*	禾本科 Poaceae	马唐属	817	7.27

（续）

物种	科	属	储量（粒/平方米）	比例（%）
地肤*Kochia scoparia*	藜科 Chenopodiaceae	地肤属	413	3.68
香附子*Cyperus rotundus*	莎草科 Cyperaceae	莎草属	7	0.06

2. 少花蒺藜草种子在土壤中的垂直分布　从少花蒺藜草种子在土壤中的垂直分布上看，在天然草原生境中，可以明显看出，随着土壤深度的加深（0 ~ 10厘米）少花蒺藜草种子数量减少（图3-10）。从采集的各层级土样来看，从上往下，上层（0 ~ 2厘米）、中

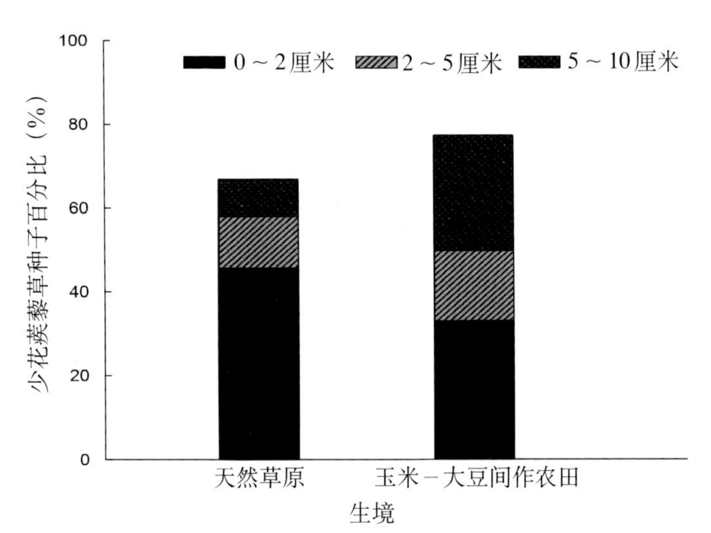

图3-10　不同生境下的少花蒺藜草种子垂直分布

层（2～5厘米）、下层（5～10厘米）土壤中少花蒺藜草种子数（n=30）分别为8 826粒/平方米、2 363粒/平方米、1 733粒/平方米，且差异显著（$P<0.05$），上层土中（0～2厘米）种子占总种子库的45.71%。

在玉米-大豆旱作田生境中，从上往下，3层土壤中少花蒺藜草种子数（n=30）分别为3 823粒/平方米、1 953粒/平方米、3 183粒/平方米，差异不显著（$P>0.05$），该生境中少花蒺藜草种子主要分布于0～2厘米、5～10厘米土层中，种子库分别占总种子库的33.02%和27.50%（表3-5）。

表3-5 不同土壤层中少花蒺藜草种子储量与种子库总储量的相对比例（平均值±标准误）

生境	土层	种子储量		
		总储量（粒/平方米）	少花蒺藜草（粒/平方米）	少花蒺藜草与其他物种比例
天然草原	0～2厘米	13 357±4 578	8 826±2 836	1.95/1
	2～5厘米	3 433±1 012	2 363±814	2.21/1
	5～10厘米	2 520±874	1 733±562	2.20/1
	合计	19 310±6 659	12 922±4 208	2.02/1
玉米-大豆间作农田	0～2厘米	4 647±1 475	3 823±1 207	4.64/1
	2～5厘米	2 763±822	1 953±583	2.41/1
	5～10厘米	4 167±1 087	3 183±978	3.23/1
	合计	11 577±4 057	8 959±2 864	3.42/1

3.少花蒺藜草土壤种子库季节动态变化　从图3-11可以看出，在2013年4月16日第一次采集的土样中种子数最多，天然草原的少花蒺藜草种子数为11 443粒/平方米，玉米-大豆间作农田为6 810粒/平方米；到第二次6月20日调查土壤种子库时，天然草原少花蒺藜草种子库储量降低为1 423粒/平方米，玉米-大豆间作农田为1 997粒/平方米；到8月25日第三次调查时，土壤种子库中仅有少量少花蒺藜草种子，天然草原和玉米-大豆间作农田分别为57粒/平方米和153粒/平方米。天然草原和玉米-大豆间作农田两种生境中，少花蒺藜草种子库大小随着时间的推移逐渐变小。

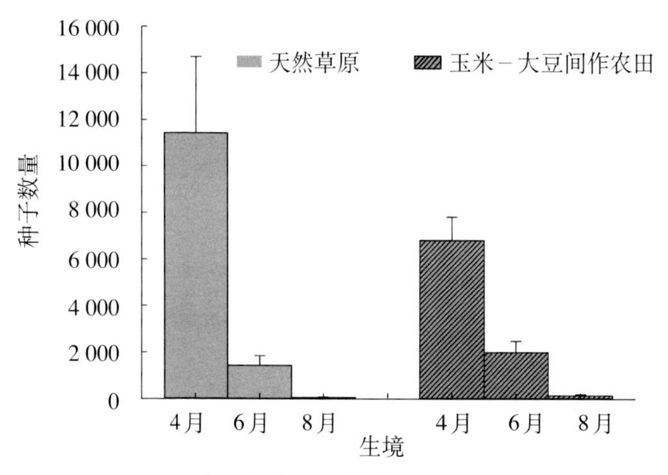

图3-11　两种生境中少花蒺藜草种子库季节动态变化

五、开花特性

徐军等（2011）通过对少花蒺藜草小穗结构与分布、小花开花习性的观测表明，少花蒺藜草是雄花两性花植物，每小穗由2朵小花构成，第一朵小花是两性花，第二小花是雄性花。自花传粉是其主要的授粉方式，小花沿着穗顶部依次向下开放，具有2个小穗的刺苞在穗部所占比例为61.88%。通过对比少花蒺藜草在开花前后套袋小花的结实率发现，未套袋可育小花的结实率为99.29%，套袋后可育小花的结实率为98. 28%，两者没有差异。这进一步证实少花蒺藜草是自花传粉植物。

少花蒺藜草小穗见图3-12。

图3-12　少花蒺藜草小穗（付卫东摄）

第二节 生态学特性

一、抗逆特性

少花蒺藜草生命力旺盛，任何土壤都能生长，耐干旱、耐贫瘠、耐修剪、抗沙埋，具有极强的适应性和竞争力，很少有病虫害发生。裸露在地面的少花蒺藜草种子在－30～－20℃的条件下，第二年仍能萌发、生长繁殖（图3-13）。

①
②

图3-13　野外裸露的少花蒺藜草种子（①付卫东摄，②③张瑞海摄）

少花蒺藜草能够抵抗干旱，当环境特别严酷时，只是分蘖数减少，但植株仍能结实，完成它的生活周期（张国良等，2010）。不同的生长环境，少花蒺藜草表现不同的生长对策（图3-14）。干旱条件下，少花蒺藜草表现出的是存活对策；灌溉条件下，表现出的是竞争和繁殖生长（张志新，2011、2012）。

土壤酸碱度对少花蒺藜草种子萌发影响不大。少花蒺藜草在pH为2 ~ 12的条件下均可萌发生长（刘露萍，2014）。在pH 3 ~ 9范围内，pH 6 ~ 7条件下发芽率最高，pH的增大或减小其发芽率均降低（王坤芳，2015）。

图3-14　不同生长环境少花蒺藜草表现不同生长对策
（①付卫东摄，②梁万琪摄，③张瑞海摄）

少花蒺藜草在土壤含水量为1%的条件下不能出苗，在土壤含水量为2.5%～25%的条件下均可出苗。在土壤含水量为15%的条件下出苗率最高，达50%；土壤含水量为2.5%时出苗率最低，为3.13%。少花蒺藜草在土壤含水量为15%的条件下根长、苗长均最长；土壤含水量为2.5%的条件下根长、苗长均最小，不能支持植株生长。少花蒺藜草出苗临界土壤含水量为1%～2.5%，少花蒺藜草生长临界土壤含水量为2.5%～5%(刘露平等，2014)。

刘露平等（2014）研究了少花蒺藜草种子在不同土壤的不同深度的出苗情况。在沙土中，少花蒺藜草种子埋深为1～9厘米时出苗率在40%以上，在土表时低于40%；埋深11～15厘米时出苗率低，为10%左右；埋深为9厘米时出苗率最高，达75.63%。在壤土中，少花蒺藜草种子埋深在0～7厘米时所表现的趋势跟在沙中基本一致，1厘米埋深出苗率最高，达61.88%，7厘米埋深时出苗率为58.75%，11～15厘米埋深时出苗率几乎为0。试验结果显示，少花蒺藜草种子在沙土中埋深0～15厘米均可出苗，且埋深1～9厘米出苗率最高；在壤土中超过11厘米不能出苗，埋深1～7厘米 出苗率最高。

王坤芳等（2015）通过试验表明，少花蒺藜草种子在3～10厘米埋种深度，种子均能正常萌发出土，且埋种越浅，出土越快；20厘米埋种深度，少数种子能够萌发，但是幼芽所遇生长阻力增大，幼苗无力伸展，出土延迟，停滞在15厘米处并腐烂；表层种子(0厘米）由于不能充分吸收、保持水分，使得发芽率极低。

不同浓度盐胁迫对少花蒺藜草种子萌发表现为先升高后下降的趋势，即低NaCl浓度促进少花蒺藜草生长，高NaCl浓度抑制少花蒺藜草生长。随着盐浓度的升高，少花蒺藜草的发芽率、发芽势和萌发指数均呈明显下降趋势。当盐浓度到达1.6%时，达到最低。此时的盐浓度已经严重抑制少花蒺藜草的生长，但依然有少部分少花蒺藜草可以发芽，说明少花蒺藜草作为有害入侵杂草存在一定的抗盐性。少花蒺藜草种子与PEG-6000浓度之间存在负相关，即随着PEG-6000浓度的升高，少花蒺藜草种子的发芽率、发芽势和萌发指数均呈下降的趋势。在PEG-6000浓度达到23.9%时，依然有部分少花蒺藜草可以发芽。这说明少花蒺藜草种子不仅有一定的抗盐性，同时还存在一定的抗旱性(雷强等，2016)。

少花蒺藜草生态学盆栽试验见图3-15。

图3-15　少花蒺藜草生态学盆栽试验
（①付卫东摄，②③张国良摄）

二、光合特性

少花蒺藜草的不同季节净光合速率日变化均呈现

为典型的双峰曲线。6月少花蒺藜草在10：00时净光合速率达到最大值，为17.35微摩尔/（平方米·秒），在16：00时出现第二个高峰。最低值出现在24：00时，为11.39微摩尔/（平方米·秒）。8月少花蒺藜草在8：00时净光合速率达到最大值，为13.56微摩尔/（平方米·秒），在16：00时出现第二个高峰。最低值出现在14：00时，为5.02微摩尔/（平方米·秒）。9月少花蒺藜草在10：00时净光合速率达到最大值，为17.53微摩尔/（平方米·秒），在14：00时出现第二个高峰。最低值出现在24：00时，为11.2微摩尔/（平方米·秒）。少花蒺藜草净光合速率的日均值6月为13.3微摩尔/（平方米·秒），8月为7.9微摩尔/（平方米·秒），9月为9.12微摩尔/（平方米·秒）（姜玲，2007）。

不同季节少花蒺藜草的蒸腾速率日变化基本保持同步：在12：00时达到最大值，6月为6.64微摩尔/（平方米·秒），8月为5.28微摩尔/（平方米·秒），9月为4.36微摩尔/（平方米·秒）。少花蒺藜草在午间维持较大的蒸腾作用，在于防止叶温的进一步升高，直接伤害其光合机构。蒸腾速率的日均值6月为4.57微摩尔/（平方米·秒），8月为2.62微摩尔/（平方米·秒），9月为3.02微摩尔/（平方米·秒）。瞬时水分利用效率的日均值6月为2.99微摩尔（CO_2）/毫摩尔（H_2O），8月为

3.02微摩尔（CO_2）/毫摩尔（H_2O），9月为4.45微摩尔（CO_2）/毫摩尔（H_2O）（姜玲，2007）。

王志新（2009）通过研究退耕自然恢复地草本优势植物种——少花蒺藜草和赖草(*Leymus secalinus*)生理生态特性发现，草本层主要组成种为少花蒺藜草，虽然具有较低的胞间CO_2浓度，但其光合速率、水分利用效率和水势却始终高于赖草，这可能是与赖草种间竞争中占优势的原因之一。此种趋势可能也从植物自身生理因素的角度说明了退耕自然恢复地植被草本盖度结构特征，即少花蒺藜草具有更强的生理生态适应特征，所以成为草本层的优势种。

科研人员通过仪器测量少花蒺藜草和替代植物的光合指标参数（图3-16）。

图3-16　测试验小区少花蒺藜草和替代植物的光合参数（①②付卫东摄，③宋振摄）

三、竞争特性

少花蒺藜草繁殖能力强，每个刺苞中的两粒种子在遇到适宜的条件时，只其中的一粒吸水萌发形成植株；另一粒被抑制，处于几乎不吸水的休眠状态，保持生命力。当萌发形成的植株受损死亡时，另一粒未萌发的种子很快打破休眠形成植株繁殖（杜广明，1995）。

少花蒺藜草比较适于在沙质土壤上生长，刚开始侵入某地段时便具有很强的竞争力，与当地的植物种群争夺阳光、水分及土地等各种资源，抑制其他一年生植物生长，几年之内便可形成该群落的优势植物，直到该群落的其他一年生植物完全被抑制(图3-17)，几乎形成单一的少花蒺藜群落，致使人畜难行（王巍等，2005）。

①

图3-17 少花蒺藜草与本地植物竞争成为优势种群
（①王忠辉摄，②梁万琪摄）

化感作用普遍存在于自然系统中，是植物之间相互作用的一种化学表现形式。植物可以通过茎叶挥发、雨水淋溶、凋落物分解和根系分泌等途径向环境中释放化感物质，从而影响周围植物的种子萌发和生长发育（林嵩、翁伯琦，2005）。外来入侵植物通常具有化感特性，并且越来越多的研究表明，外来入侵植物的化感作用在其入侵过程中起主导作用（Callaway P M et al.，2000；R idenowr W M et al.，2001；Scott N A et al.，2001）。

为了解少花蒺藜草的化感潜力，朱爱民等（2016）采用生物测定法研究了不同浓度（0、25%、50%、75%、100%）的少花蒺藜草种子水浸提液对无芒雀麦（*Bromus inermis*）、梯牧草（*Phleum pratense*）及冰草（*Agropyron cristatum*）种子的化感作用。结果表明，少花蒺藜草种子水浸提液对3种受体植物种子萌发和幼苗生长均有不同影响。少花蒺藜草种子水浸提液对无芒雀麦种子的发芽势、发芽指数无显著影响（$P<0.05$），但对其根芽比有显著影响；少花蒺藜草种子水浸提液对梯牧草种子的发芽率、发芽指数、发芽势影响不大，但对根芽比影响显著（$P<0.05$）；少花蒺藜草种子水浸提液对冰草种子的发芽率、发芽指数、发芽势及根芽比均有显著影响（$P<0.05$），在100%水浸提液浓度下发芽率仅为18.6%，比对照组低56.8%，发芽势和发芽指数分别为6.7%、3.24，比对照组分别低39.3%、8.94。

蔡天革等（2016）通过室内盆栽法初步研究了疏花蒺藜草浸提液对燕麦的化感作用。结果表明：①疏花蒺藜草浸提液浓度较低时，对燕麦种子萌发的化感抑制作用较弱，随处理液浓度的增加，化感抑制作用随之增强；②随着疏花蒺藜草浸提液浓度的增大，燕麦幼苗的细胞膜透性逐渐增大，叶绿素含量、可溶性糖含量逐渐降低，丙二醛和脯氨酸含量逐渐升高，可溶性蛋白含量呈现先升高后降低的趋势。疏花蒺藜草浸提液浓度越大，对燕麦幼苗的化感抑制作用越强。

第四章
少花蒺藜草检疫方法

植物检疫措施是控制少花蒺藜草传播扩散、蔓延危害的首要技术措施。农业植物检疫机构对少花蒺藜草发生区及周边地区的动植物及动植物产品的调运、输出强化检疫和监测，有助于防止少花蒺藜草扩散蔓延。

第一节　检疫方法

一、调运检疫

一般指从疫区运出的物品除获得有关部门许可外均须进行检疫检验。检疫部门对植物及植物产品、动物及动物产品或其他检疫物在调运过程中进行检疫检验，是严防少花蒺藜草人为传播扩散的关键环节，可以分为调出检疫和调入检疫。

（一）应检疫的物品

1. 植物和植物产品　该类产品主要是通过贸易流通、科技合作、赠送、援助、旅客携带和邮寄等方式进出境。

2. 动物和动物产品　指对牲畜的引种和动物产品的远距离调运，如牛、羊等活畜，羊毛、皮货等。该类物品主要通过贸易流通、引种等方式进出境。

3. 土壤及园艺栽培介质　带有土壤的其他植物；使用过的运输器具/机械；在存放时，曾与土壤接触的草捆和农作物秸秆、农家肥，与土壤接触过的废品、垃圾等。

4. 装载容器、包装物、铺垫物和运载工具及其他检疫物品　在植物和植物产品、动物和动物产品流通中，需要使用多种多样的装载容器、包装物、铺垫物和运载工具。

（二）检疫地点

在少花蒺藜草发生地区及邻过地区，经省级以上人民政府批准，疫区所在地植物检疫部门可以选择交通要道或其他适当地方设立固定检疫点，对从少花蒺藜草发生区驶出或驶入的可能运载有应检物品的车辆和可能被少花蒺藜草污染的装载容器、包装物进行检查。

（三）检疫证书

对于从少花蒺藜草发生地区外调的动物及动物产品、植物及植物产品，经过植物检疫部门严格检疫，确实证明不带检疫对象后可出具检疫证书；对于从外地调入的动物及动物产品、植物及植物产品，调运单位或个人必须事先向所在地植物检疫部门申报，植物检疫部门要认真核实动物及动物产品、植物及植物产品原产地少花蒺藜草发生情况，并实施实场检疫或实验室检疫，确认没有发生疫情后，方可允许调入。对于调出或调入的蔬菜、水果、集装箱、运输工具、农林机械及其他检疫物品等也应实行严格检查，重点检查货物、包装物、内容物、携带土壤中是否夹带、粘带或混藏少花蒺藜草。

调查的种子需要进行实验室检疫时，采用对角线或分层取样方法抽取样品，于室内过筛检测。以回旋法或电动振动筛振荡，使样品充分分离，把筛上物和筛下物分别倒入白瓷盘内，用镊子挑拣少花蒺藜草种子，放入培养皿内鉴定。

二、产地检疫

在少花蒺藜草发生区植物、动物、植物产品、动物产品或其他检疫物调运前，由输出地的县级检疫部门派出检疫人员到原产地进行检疫检验。

1.检疫地点　主要包括草场、农田、果园、林地以及公路和铁路沿线、河滩、农舍、牧场、有外运产品的生产单位以及物流集散地等场所。

2.检疫方法　在少花蒺藜草生长期或开花期，到上述地点进行实地调查，根据该植物的形态特征进行鉴别，确定种类。

3.检疫监管　检疫部门应加强对牲畜、家禽、种子、林木种苗、花卉繁育基地的监管，特别是从省外、国外引种的牲畜、家禽、种子、林木种苗、花卉繁育基地。对从事植物及植物产品加工、动物及动物产品加工的单位或个人进行登记建档，定期实施检疫监管。

第二节　鉴定方法

在检疫过程中，发现疑似少花蒺藜草植株或种子时，可按照以下几个方面进行鉴定：

一、鉴定是否为禾本科

禾本科植物的鉴定特征：多年生、一年生或越年生草本，被子植物。根系为须根系。茎有节与节间，节间中空，称为秆（竿），圆筒形。节部居间分生组织生长分化，使节间伸长。单叶互生成2列，由叶鞘、叶片和叶舌构成，有时具叶耳；叶片狭长线形或披针形，具平行叶脉，中脉显著，不具叶柄，通常不从叶鞘上脱落。在竹类中，叶具短柄，与叶鞘相连处具关节，易自叶鞘上脱落，秆箨与叶鞘有别，箨叶小而无中脉。花序顶生或侧生。多为圆锥花序，或为总状花序、穗状花序。小穗是禾本科的典型特征，由颖片、小花和小穗轴组成。通常两性，或单性与中性，由外稃和内稃包被着；小花多有2枚微小的鳞被，雄蕊3枚或1～6枚，子房1室，含1胚珠；花柱通常2，稀1或3；柱头多呈羽毛状。果为颖果，少数为囊果、浆果或坚果。

二、鉴定是否为蒺藜草属

蒺藜草属植物的鉴定特征：穗形总状花序顶生；由多数不育小枝形成的刚毛常部分愈合而成球形刺苞，具短而粗的总梗，总梗在基部连同刺苞一起脱落，刺苞上刚毛直立或弯曲，内含簇生小穗1个至数个，成熟时，小穗与刺苞一起脱落；小穗无柄；第一颖常短小或缺；第二颖通常短于小穗；第一小花雄性或中性，具3枚雄蕊，外稃薄纸质至膜质，内稃发育良好；第二小花两性，外稃成熟时质地变硬，通常肿胀，顶端渐尖，边缘薄而扁平，包卷同质的内稃；鳞被退化；雄蕊3枚，花药线形，顶端无毛或具毫毛；花柱2，基部联合。颖果椭圆状扁球形；种脐点状；胚长约为果实的2/3(图4-1)。

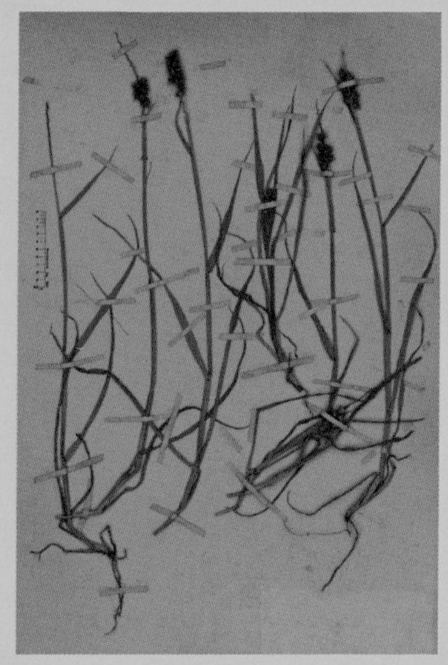

图4-1 蒺藜草标本[（台湾大学植物标本馆（2012）]

三、鉴定是否为少花蒺藜草

少花蒺藜草的鉴定特征：茎秆膝状弯曲；叶鞘压扁、无毛，或偶尔有绒毛；叶舌边缘毛状，长0.5 ~ 1.4毫米；叶片长3 ~ 28厘米，宽3 ~ 7.2毫米，先端细长。总状花序，小穗被包在苞叶内；可育小穗无柄，常2枚簇生成束；刺状总苞下部愈合成杯状，卵形或球形，长5.5 ~ 10.2毫米，下部倒圆锥形。苞刺长2 ~ 5.8毫米、扁平、刚硬、后翻、粗皱、下部具绒毛、与可育小穗一起脱落。小穗长3.5 ~ 5.9毫米，由一个不育小花和一个可育小花组成，卵形，背面扁平，先端尖、无毛。颖片短于小穗，下颖长1 ~ 3.5毫米，披针状、顶端急尖，膜质，有1脉；上颖长3.5 ~ 5毫米，卵形，顶端急尖，膜质，有5 ~ 7脉；下外稃3 ~ 5毫米，有5 ~ 7脉，质硬，背面平坦，先端尖。下部小花为不育雄花，或退化，内稃无或不明显；外稃卵行膜质，长3 ~ 5（~ 5.9）毫米，有5 ~ 7脉，先端尖；可育花的外稃卵形，长3.5 ~ 5（~ 5.8）毫米，皮质、边缘较薄凸起，内稃皮质。花药3个，长0.5 ~ 1.2毫米。颖果几呈球形，长2.5 ~ 3.0毫米，宽2.4 ~ 2.7毫米，绿黄褐色或黑褐色；顶端具残存的花柱；背面平坦，腹面凸起；脐明显，深灰色。在放大10 ~ 15倍体视解剖镜下检验（图4-2）。

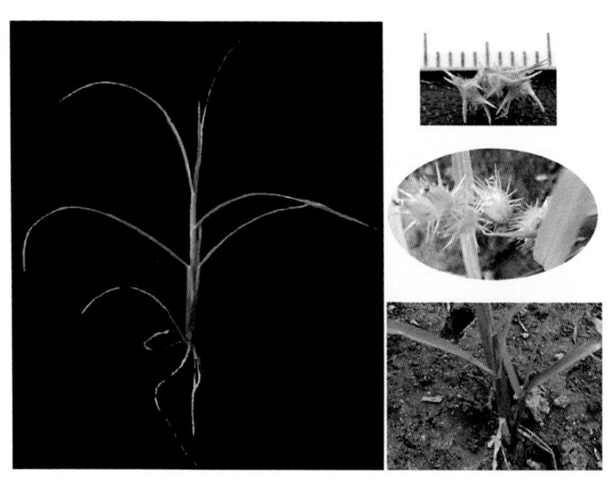

图4-2 少花蒺藜草特征

第三节　检疫处理方法

产地检疫过程中确认发现少花蒺藜草时，应立即向当地植物检疫部门和外来入侵生物管理部门报告，并根据实际情况启动应急治理预案，防止少花蒺藜草进一步传播扩散。

在调运的动物、植物、动物产品、植物产品或其他检疫物实施检疫或复检中，发现少花蒺藜草植物或刺苞时，应严格按照植物检疫法律法规的规定对货物进行处理。同时，立即追溯该批动物、植物、动物产品、植物产品或其他检疫物的来源，并将相关调查情况上报调运目的地的农业植物检疫部门的外来入侵生物管理部门。

对于产地检疫新发现或调运检疫追溯到的少花蒺藜草要采取紧急防治措施，使用高效化学药剂直接灭除，定期监测发生情况，开展持续防治，直至不再发生或经管理部门委派专家评议认为危害水平可以接受为止。

货物原产地检验和货物调运检验过程见图4-3、图4-4。

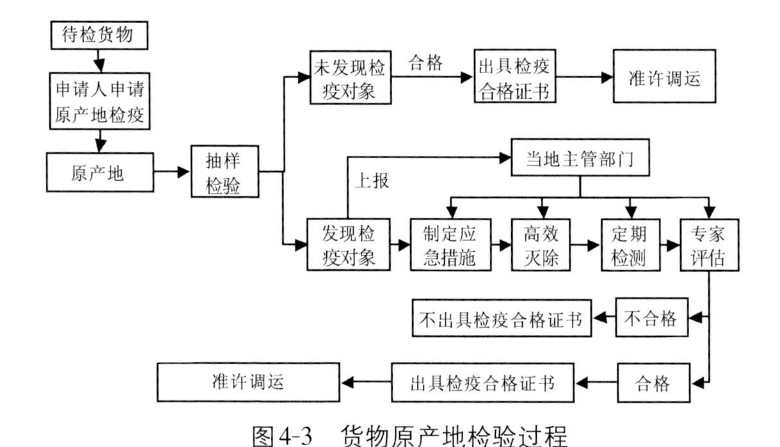

图4-3　货物原产地检验过程

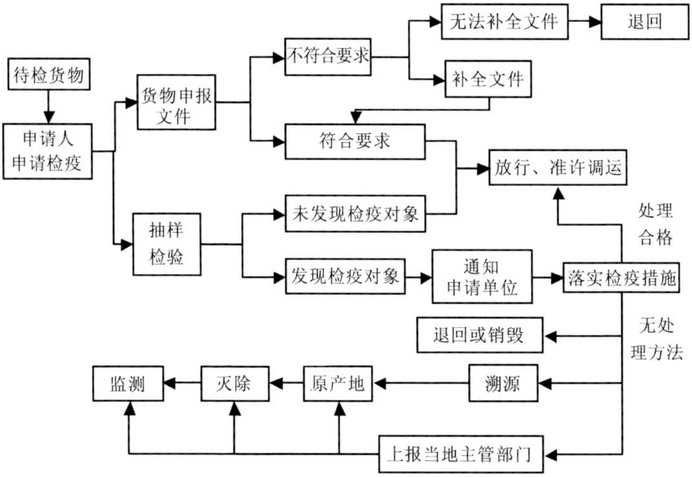

待检货物
申请人申请检疫
货物申报文件
不符合要求
无法补全文件
退回
补全文件
符合要求
放行、准许调运
抽样检验
未发现检疫对象
发现检疫对象
通知申请单位
落实检疫措施
处理合格
无处理方法
退回或销毁
溯源
原产地
灭除
监测
上报当地主管部门

图4-4　货物调运检验过程

第五章 少花蒺藜草调查与监测方法

加强调查监测是防范少花蒺藜草入侵、定殖、扩散、保护本地生物多样性、确保生态环境安全的基础前提和重要保障。通过对少花蒺藜草发生情况进行调查监测，能够为防治计划和防治方案的制订提供依据，有利于做到早发现、早扑灭、早控制。

第一节　调查方法

少花蒺藜草调查一般是指农业、林业、环保等外来入侵生物管理部门，以县级行政区域为基本调查单元，通过走访调查、实地调查或其他程序识别、采集、鉴定和记录少花蒺藜草发生、分布、危害情况的活动。

一、调查区域划分

根据少花蒺藜草是否发生，发生、危害情况，将少花蒺藜草调查区域划分为潜在发生区、发生点和发生区3种类型，实施分类调查。

1. 潜在发生区　那些尚未有记载，但自然条件下能满足少花蒺藜草生长、繁殖的生态区域即为少花蒺藜草潜在发生区。以县级行政区作为基本调查单位，采用走访调查、踏查和样地调查3种方法，重点调查是否有少花蒺藜草发生。

在比邻少花蒺藜草发生区的县级行政区，每个乡（镇）至少选取5个行政村设置固定调查点；在比邻境外少花蒺藜草发生区的县级行政区，除按上述要求设置固定调查点外，还要沿边境一线5千米我国领土一侧间隔10千米选取少花蒺藜草极易发生的草原、公路两侧、农田、果园、林地、交通枢纽设置重点调查点，同时增设边贸口岸、边贸集镇和边境村寨重点调查点。

2. 发生点　在少花蒺藜草适生区，在少花蒺藜草植株定殖且片状发生面积小于667平方米的区域即为少花蒺藜草发生点。在发生点可直接设置样地进行调查。

3. 发生区　少花蒺藜草繁殖体传入后，能在自然条件下繁殖产生和形成一定的种群规模，并不断扩散、传播的生态区域即为少花蒺藜草发生区。在少花蒺藜草发生点的县级行政区，无论发生点的数量多少、面积大小，该区域即为少花蒺藜草发生区。

在少花蒺藜草发生的县级行政区，每个乡（镇）至少选取5个行政区设置固定调查点。

设立少花蒺藜草监测点见图5-1。

图5-1 设立少花蒺藜草监测点（①张瑞海摄，②付卫东摄）

二、调查内容

调查内容包括少花蒺藜草是否发生、传播载体及途径、发生面积、分布扩散趋势、生态影响、经济危害等情况。

对少花蒺藜草的调查时间，根据离监测点较近的发生区或气候特点与监测区相似的发生区中少花蒺藜草的生长特性，选择少花蒺藜草开花的时期进行。在科尔沁辽河少花蒺藜草7月25日开花结实（周立业，2012）；彰武县少花蒺藜草植株于7月14日始见抽穗（王坤芳，2016）；通辽市分布的少花蒺藜草一般在7月20日左右出现抽穗（斯日古楞等，2015）；分布于赤峰市敖汉旗的少花蒺藜草气候条件正常的年份7月下旬开始开花（董文信，2010）。

三、调查方法

采用走访调查、踏查和样地调查的方法对少花蒺藜草发生、分布和危害情况进行调查。

（一）走访调查

在广泛收集少花蒺藜草发生信息的基础上，对少花蒺藜草易发生区域的当地居民、管理部门工作人员及专家等进行走访咨询或问卷调查，以获取所调查区域的少花蒺藜草发生情况。每个社区或行政区走访调查30人以上，对走访过程中发现少花蒺藜草可疑发生地区，应进行深入重点调查。

走访调查的主要内容包括是否发现疑似少花蒺藜草的植物、首次发现时间、地点、传入途径、生境类型、发生面积、危害情况、是否采取防治措施等，调查结果记入表5-1。

表5-1 少花蒺藜草发生情况走访调查表

基本信息	
表格编号[a]：	
调查地点： 省（自治区、直辖市） 市（盟） 县（市、区、旗） 乡（镇）/街道 村	
经纬度：	海拔：
被访问人姓名：	联系方式：
访问内容	
1. 是否发现带刺苞疑似少花蒺藜草的植物？	
2. 首次发现疑似少花蒺藜草的时间、地点？	
3. 可能的传入途径？	
4. 发生的生境类型和面积？	
5. 对农业、林业的影响和危害？	
6. 对牲畜食此植物后有无不良反应？	
7. 对畜牧业生产的影响和危害？	
8. 目前有无利用途径？	
9. 是否采取防治措施？	
备注：	
调查人：	调查时间：
联系方式：	

[a] 表格编号由调查地点编号+调查年份后两位+本年度调查次序组成。

（二）踏查

在少花蒺藜草适生区，综合分析当地少花蒺藜草的发生风险、入侵生境类型、传入方式与途径等因素，合理设计野外踏查路线，选派技术人员，通过目测或借助望远镜等方式获取少花蒺藜草的实际发生情况和危害情况。调查结果填入少花蒺藜草潜在发生区踏查调查表（表5-2）。

表5-2 少花蒺藜草潜在发生区踏查记录表

表格编号[a]：__________ 踏查日期：__________ 经纬度：__________
调查点位置：_____ 省（自治区、直辖市）_____ 市（州、盟）____县（市、区、旗）____ 乡（镇）/街道 ____ 村
踏查路线：____；
踏查人：__________ 工作单位：__________ 职务/职称：__________
联系方式：固定电话 _________移动电话_________电子邮件_________

踏查生境类型	踏查面积（公顷）	踏查结果	备注
合计			

[a] 表格编号以监测点编号+监测年份后两位+年内踏查的次序号（第n次踏查）组成。

对少花蒺藜草踏查记录进行统计汇总，并填入生成汇总表（表5-3），为下一步少花蒺藜草的治理措施提供翔实的资料。

表5-3 少花蒺藜草潜在发生区踏查情况统计汇总表

序号	州（市、盟）	调查县个数	调查点数	海拔范围（米）	调查点负责人	调查面积（公顷）	其中						
							耕地（公顷）	草场（公顷）	林地（公顷）	果园（公顷）	荒地（公顷）	公路河流沿线（公顷）	其他（公顷）
1													
2													
3													
4													

科研工作人员在田间调查少花蒺藜草发生情况（图5-2）。

③

④

⑤

图5-2 科研工作人员在田间调查少花蒺藜草发生情况
（①⑥⑦付卫东摄，②～⑤张国良摄）

（三）样地调查

根据少花蒺藜草适生区生境类型和在发生区的危害情况，确定调查的生境类型。每个生境类型设置调查样地不少于10个，每个样地面积667～3 335平方米。每个样地内选取20个以上的样方，每个样方的面积不小于0.25平方米。用定位仪定位测量样地经度、纬度和海拔，记录样地的地理信息、生境类型和物种组成。观察有无少花蒺藜草危害，记录少花蒺藜草发生面积、密度、危害方式和危害程度（图5-3）。填写少花蒺藜草潜在发生区定点调查记录表（表5-4）。

图5-3　科研工作人员在样地对样方进行数据调查
（①②宋振摄，③张瑞海摄）

表5-4 少花蒺藜草潜在发生区定点调查记录表

<table>
<tr><th colspan="6">基本信息</th></tr>
<tr><td colspan="3">表格编号[a]：</td><td colspan="3">调查时间： 年 月 日</td></tr>
<tr><td colspan="6">定点调查的单位：</td></tr>
<tr><td colspan="6">调查地点：_____省（自治区、直辖市）_____市（州、盟）____县（市、区、旗）____乡（镇）/街道____村</td></tr>
<tr><td colspan="3">经纬度：</td><td colspan="3">海拔（米）：</td></tr>
<tr><td colspan="3">生境类型：</td><td colspan="3">土壤质地：</td></tr>
<tr><td colspan="6">植被组成、特征：</td></tr>
<tr><th colspan="6">调查内容</th></tr>
<tr><td>样方序号</td><td>是否发现少花蒺藜草</td><td>受害植物</td><td>覆盖度（%）</td><td>危害程度</td><td>发生面积（公顷）</td></tr>
<tr><td>1</td><td></td><td></td><td></td><td></td><td></td></tr>
<tr><td>2</td><td></td><td></td><td></td><td></td><td></td></tr>
<tr><td>3</td><td></td><td></td><td></td><td></td><td></td></tr>
<tr><td>…</td><td></td><td></td><td></td><td></td><td></td></tr>
<tr><td colspan="6">备注：</td></tr>
<tr><td colspan="6">调查人信息：姓名 _______ 职称_______ 联系方式 _______</td></tr>
<tr><td colspan="6">[a] 表格编号以监测点编号+监测年份后两位+年内调查的次序号（第n次调查）组成。</td></tr>
</table>

第二节 监测方法

一、监测区的划定方法

监测是指在一定的区域范围内，通过走访调查、实地调查或其他程序持续收集和记录少花蒺藜草发生或者不存在，以掌握其发生、危害的官方活动。

（一）划定依据

开展监测的行政区域内的少花蒺藜草适生区即为监测区。为便于实施和操作，一般以县级行政区域作为发生区与潜在发生区划分的基本单位。县级行政区域内有少花蒺藜草发生，无论发生面积大或小，该区域即为少花蒺藜草发生区。

（二）划定方法

为使监测数据具有较强的代表性，选择一定量监测点很关键。在开展监测的行政区域内，依次选取20%的下一级行政区域至地市级，在选取的地市级行政区域中依次选择20%的县和乡（镇），每个乡（镇）选取3个行政村进行调查。

（三）监测区的划定

1. 发生点　少花蒺藜草植株发生外缘周围100米以内的范围划定为一个发生点（2棵少花蒺藜草植株或2个少花蒺藜草发生斑块的距离在100米以内为同一发生点）。

2. 发生区　发生点所在的行政村（居民委员会）区域划定为发生区范围；发生点跨越多个行政村（居民委员会）的，将所有跨越的行政村（居民委员会）划为同一发生区。

3. 监测区　发生区外围5 000米的范围划定为监

测区；在划定边界时，若遇到水面宽度大于5 000米的湖泊、水库等水域，对该水域一并进行监测。

（四）设立监测牌

根据少花蒺藜草和生态特征以及传播扩散特征，在监测区相应生境中设置不少于10个固定监测点，每个监测点不少于10平方米，悬挂明显监测位点牌，一般每月观察一次。

监测位点牌的内容包括监测地点、海拔范围、监测面积、监测内容、主持单位和调查单位等，同时要将少花蒺藜草的主要形态特征以及在该地区入侵情况和危害作简要介绍。

二、监测内容

（一）发生区监测内容

包括少花蒺藜草的危害程度、发生面积、分布扩散趋势和土壤种子库等。

（二）潜在发生区监测内容

少花蒺藜草是否发生。在潜在发生区监测到少花蒺藜草发生后，应立即全面调查其发生情况并按照发生区监测的方法开展监测。

三、监测方法

（一）样方法

在监测点选取1 ~ 3个少花蒺藜草发生的典型生

境设置样地，在每个样地内选取20个以上的样方，样方面积2～4平方米，样方法调查少花蒺藜草见图5-4。对样方内的所有植物种类、数量及盖度进行调查，调查的结果按表5-5的要求记录和整理，并将结果进行汇总，记录于表5-6中。

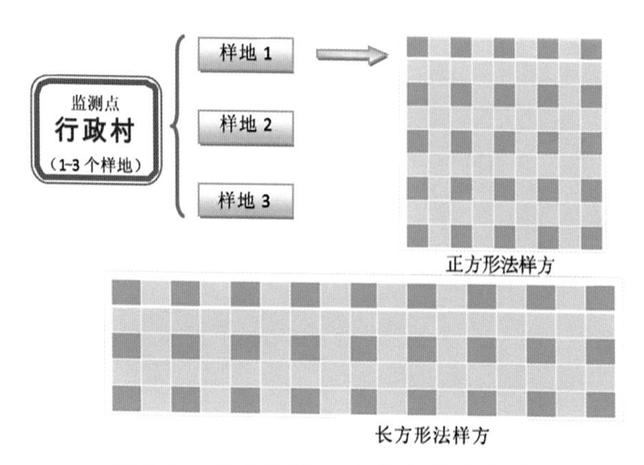

图5-4 样方法调查少花蒺藜草示意图

表5-5 采用样方法调查少花蒺藜草及其伴生植物群落调查记录表

调查日期：___表格编号[a]：____ 样地数量：___ 样地大小：____（平方米）

监测点位置：____省（自治区、直辖市）____市（州、盟）____县（市、区、旗）____乡（镇）/街道____村

调查样地位置：______ 经纬度：______ 调查样地生境类型：______

调查人：_________ 工作单位：_________ 职务/职称：_________

联系方式：固定电话_______ 移动电话_______ 电子邮件_______

样地序号	调查结果
1	植物名称I[株数]，株高（米）[b]；植物名称II[株数]，株高（米）……

（续）

样地序号	调查结果
2	
…	

[a] 表格编号以监测点编号+调查小区编号+监测年份后两位+3组成。划定调查小区时，自行确定调查小区编号。

[b] 株高为成熟植株的株高。样地内有多个成熟植株的，其株高分别列出。

表5-6　样方法少花蒺藜草种群调查结果汇总表

汇总日期：________ 表格编号[a]：________

样地数量：________ 样地大小：________（平方米）

调查人：________ 工作单位：________ 职务/职称：________

联系方式：固定电话________ 移动电话________电子邮件________

序号	植物名称[b]	株数	出现的样地数	种群高度（米）
1	示例：少花蒺藜草（*Cenchrus spinifex*）			
2				
…				

[a] 表格编号以监测点编号+调查小区编号+监测年份后两位+4组成。

[b] 除列出植物的中文名或当地俗名外，还应列出植物的学名。

（二）样线法

在监测点选取1 ～ 3个少花蒺藜草发生的典型生境设置样地，随机选取1条或2条样线，每条样线选50个等距的样点，样线法取样示意图见图5-5。常见生境中样线的选取方案见表5-7。样点确定后，将取样签垂直于样点所处地面插入地表，插入点半径5厘米内的植物即为该样点的样本植物，按表5-8的要求记录和整理，并将调查结果进行汇总，记录于表5-9。

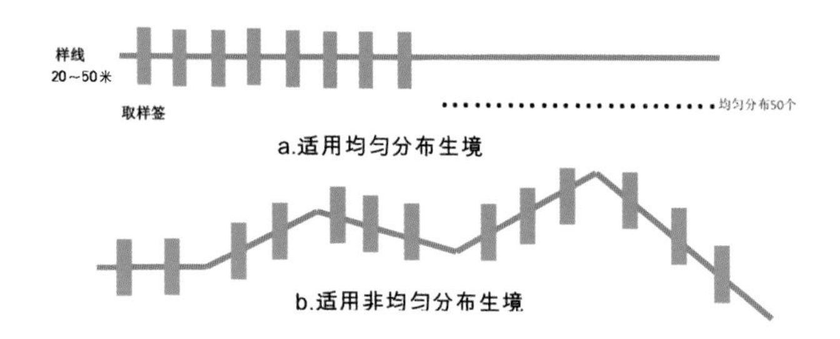

图5-5 样线法取样示意图

表5-7 样线法中不同生境中的样线选取方案

单位：米

生境类型	样线选取方法	样线长度	点距
菜地	对角线	20～50	0.4～1
果园	对角线	50～100	1～2
玉米田	对角线	50～100	1～2
棉花田	对角线	50～100	1～2
小麦田	对角线	50～100	1～2
大豆田	对角线	20～50	0.4～1
花生田	对角线	20～50	0.4～1
其他作物田	对角线	20～50	0.4～1
撂荒地	对角线	20～50	0.4～1
天然/人工草场	对角线	20～50	1～2
江河沟渠沿岸	沿两岸各取一条（可为曲线）	50～100	1～2

（续）

生境类型	样线选取方法	样线长度	点距
干涸沟渠内	沿内部取一条（可为曲线）	50～100	1～2
铁路、公路两侧	沿两侧各取一条（可为曲线）	50～100	1～2
天然/人工林地、城镇绿地、生活区、山坡以及其他生境	对角线；取对角线不便或无法实现时，可使用S形、V形、N形、W形曲线	20～100	0.4～2

表5-8　样线法少花蒺藜草种群调查记录表

调查日期：___ 表格编号[a]：___样地数量：__ 样地大小：__（平方米）
监测点位置：____ 省（自治区、直辖市）____ 市（州、盟）____ 县（市、区、旗）___ 乡（镇）/街道___ 村
调查样地位置：_______ 经纬度：______ 调查样地生境类型：______
调查人：_______ 工作单位：_______ 职务/职称：_______
联系方式：固定电话_______移动电话_______电子邮件_______

样点序号[b]	植物名称	株高（米）[c]
1		
2		
3		
…		

[a] 表格编号以监测点编号+生境类型序号+监测年份后两位+5组成。生境类型序号按调查的顺序编排，此后的调查中，生境类型序号与第一次调查时保持一致。

[b] 选取2条样线的，所有样点依次排序，记录于本表。

[c] 株高为成熟植株的株高。

表5-9 样线法少花蒺藜草所在植物群落调查结果汇总表

汇总日期：__________________ 表格编号[a]：____________________

调查人：_________ 工作单位：___________ 职务/职称：_________

联系方式：固定电话________移动电话________电子邮件_________

序号	植物名称[b]	株数	
1	示例：少花蒺藜草（*Cenchrus spinifex*）		
2			
3			
…			

[a] 表格编号以监测点编号+生境类型序号+监测年份后两位+6组成。

[b] 除列出植物的中文名或当地俗名外，还应列出植物的学名。

科研工作人员进行少花蒺藜草调查（图5-6）。

图5-6　科研工作人员在样地对少花蒺藜进行调查（付卫东摄）

（三）土壤种子库调查法

在少花蒺藜草监测过程中，也可采用土壤种子库调查方法。在所确定的样地中，随机选取1米×1米的样方，在样方内再取面积为10厘米×10厘米的小样方。

分层取样，取样深度依次为2厘米（上层）、2～5厘米(中层)、5～10厘米（下层），土壤种子库取样见图5-7。将取回的土样把凋落物、根、石头等杂物筛掉，然后将土样均匀地平铺于萌发用的花盆里，浇水，定期观测土壤中少花蒺藜草种子萌发情况，对已萌发出的幼苗计数后清除。如连续两周没有种子萌发，再将土样搅拌混合，继续观察，直到连续两周不再有种子萌发后结束，监测的结果按表5-10的要求记录和整理。

图5-7 监测点样地少花蒺藜草种子库土壤取样（张国良摄）

表5-10　少花蒺藜草种子库检测结果汇总表

监测日期：____ 取样点位置：_____ 经纬度：_____ 表格编号[a]：____
取样小区位置：______________ 取样小区生境类型：_____________
调查人：__________ 工作单位：__________ 职务/职称：_________
联系方式：固定电话______ 移动电话_________ 电子邮件_________

样方	取样深度（厘米）			合计	种子库（粒/平方米）
	0～2	2～5	5～10		
1					
2					
3					
…					

[a] 表格编号以生境编号+取样样方编号+取样年份后两位+3组成。划定取样样方时，自行确定样方编号。

四、危害等级划分

根据少花蒺藜草的盖度（样方法）或频度（样线法），将少花蒺藜草危害分为3个等级：

——1级：轻度发生，盖度或频度<5%。

——2级：中度发生，盖度或频度5%～20%。

——3级：重度发生，盖度或频度>20%。

五、发生面积调查方法

采用踏查结合走访调查的方法，调查各监测点（行政村）中少花蒺藜草的发生面积与经济损失，根据所有监测点面积之和占整个监测区面积的比例，推算少花蒺藜草在监测区的发生面积与经济损失。

对发生在农田、果园、荒地、绿地、生活区等具有明显边界的生境内的少花蒺藜草，其发生面积以相应地块的面积累计计算，或划定包含所有发生点的区域，以整个区域的面积进行计算；对发生在草场、森林、铁路公路沿线等没有明显边界的少花蒺藜草，持GPS定位仪沿其分布边缘走完一个闭合轨迹后，将GPS定位仪计算出的面积作为其发生面积。其中，铁路路基、公路路面的面积也计入其发生面积。对发生地地理环境复杂（如山高坡陡、沟壑纵横）、人力不便或无法实地踏查或使用GPS定位仪计算面积（图5-8），也可使用航拍法（图5-9）、目测法，还可通过咨询当地国土资源部门（测绘部门）或者熟悉当地基本情况的基层人员，获取其发生面积。

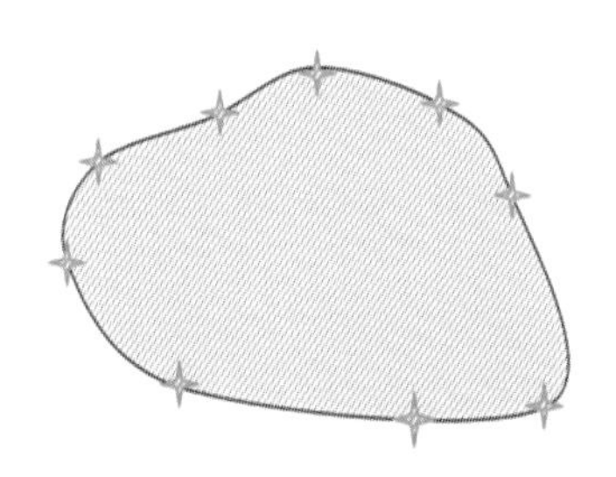

图5-8　利用GPS定位仪测定少花蒺藜草发生面积示意图

图5-9　利用航拍测定少花蒺藜草发生面积

调查的结果按表5-11的要求记录。

表5-11　少花蒺藜草监测样点发生面积记录表

调查日期：__________ 经纬度：__________ 表格编号[a]：__________
监测点位置：____省（自治区、直辖市）____市（州、盟）____县（市、区、旗）____乡（镇）/街道____村
调查人：__________工作单位：__________职务/职称：__________
联系方式：固定电话__________移动电话__________电子邮件__________

发生生境类型	发生面积（公顷）	危害对象	危害方式	危害程度	防治面积（公顷）	防治成本（元）	经济损失（元）
…							
合计							

[a] 表格编号以监测点编号+监测年份后两位+年内调查的次序号（第n次调查）+5组成。

六、样本采集与寄送

在调查中如发现疑似少花蒺藜草，采集疑似植株，并尽量挖出其所有根部组织，用70%酒精浸泡或晒干，标明采集时间、采集地点及采集人。将每点采集的少花蒺藜草集中于一个标本瓶中或标本夹中，送外来物种管理部门指定的专家进行鉴定。

七、调查人员的要求

要求调查人员为经过培训的农业技术人员，掌握少花蒺藜草的形态学与生物学特性、危害症状以及少花蒺藜草的调查监测方法和手段等。

八、结果处理

调查监测中，一旦发现少花蒺藜草或疑似少花蒺藜草植物，需严格实行报告制度，必须于24小时内逐级上报，定期逐级向上级政府和有关部门报告有关调查监测情况。

第六章 少花蒺藜草综合防控技术

坚持“预防为主，综合防治”的植保方针，建立完善的少花蒺藜草防治体系。采取群防群治与统防统治相结合的绿色防控措施，根据少花蒺藜草发生的危害程度及生境类型，按照分区施策、分类治理的策略，综合利用检疫、农艺、物理、化学和替代控制措施控制少花蒺藜草的发生危害。

第一节 检疫监测技术

加强检疫是控制少花蒺藜草跨区传播扩散的重要手段，应当结合区域经济发展状况，切实加强口岸检疫、产地检疫和调运检疫。加强对从少花蒺藜草疫区种子和种畜调运、农产品和畜产品与农机具检疫，不让少花蒺藜草的种子传入无少花蒺藜草地区，尤其在引种及种子调运时，严格检疫，杜绝少花蒺藜草种子的传入。具体的检疫、鉴定和检疫处理方法详见第四章有关内容。同时，发挥植物检疫机构在普及和宣传外来入侵生物知识方面的重要作用，提高公众防范少花蒺藜草的意识，引导公众自觉加入少花蒺藜草防控工作中来。

实施监测预警是提前掌握少花蒺藜草入侵动态的关键措施，有利于及时将少花蒺藜草消灭于萌芽状态。建立合理的野外监测点和调查取样方法，对目标区域的少花蒺藜草发生情况进行汇总分析。同时，进行疫情监测，重点调查铁路、车站、公路沿线、农田、草场、果园、林地等场所，根据该植物的形态特征进行鉴别。一经发现，应严格执行逐级上报制度，并立即采取相应的应急控制措施，以防止其进一步扩散蔓延。具体调查与监测方法详见第五章有关内容。此外，还应根据少花蒺藜草的生物学与生态学特性等因素，开展内险评估和适生物分析，形成完善的监测预警技术体系，从而为少花蒺藜草发生危害和传播扩散趋势的判定提供科学依据。

第二节　农业防治技术

农业防治是利用农田耕作、栽培技术、田间管理措施等控制和减少农田土壤中少花蒺藜草的种子库基数，抑制少花蒺藜草种子萌发和幼苗生长、减轻危害、降低对农作物产量和质量损失的防治策略。农业防治是少花蒺藜草防除中重要的一环。其优点是对作物和环境安全，不会造成任何污染，成本低、易掌握、可操作性强。

农业防治方法包括深耕翻土除草、栽培管理措施、刈割、中耕除草、放牧控制、清除田园等措施。

1.深耕翻土除草　深耕是防除少花蒺藜草的有效措施之一。春季少花蒺藜草种子萌发较早，对农田和果园进行深耕可以杀死少花蒺藜草幼苗。同时，将土壤表层残存的少花蒺藜草种子翻埋到深层土壤中，减少出苗数量。因为少花蒺藜草种子在20厘米埋种深度，少数种子能够萌发，但是幼芽所遇生长阻力增大，幼苗无力伸展，出土延迟，停滞在15厘米处并腐烂（王坤芳，2015）。

2.栽培管理措施　通过增肥、控水等栽培管理措施，提高作物或草场的植被覆盖度和竞争力，可有效抑制少花蒺藜草的生长和危害。同时，增肥、控水措施在一定的程度下可以抑制少花蒺藜草的生长发育。

张志新等（2011）调查了生长在科尔沁沙地干旱、灌溉2个条件下的少花蒺藜草分蘖丛。对分株高度、分株生物量以及根、茎、叶、穗、叶鞘等构件生物量进行了定量统计分析。分析认为，在生物量分配上，干旱条件下少花蒺藜草表现出存活对策；灌溉条件下表现出竞争和繁殖生长对策。

姜野（2017）通过在少花蒺藜草生长期添加氮素（尿素）试验证明：同一生长时期的少花蒺藜草，随着氮素含量的增加，营养生长能力逐渐增强，当氮素含量达到0.4克/千克时，少花蒺藜草植株各生长指标及生物量的分配达到最大；但随着氮素含量的增加，达到0.6克/千克时，抑制少花蒺藜草的表型生长能力和生物量分配。生理指标方面，叶片相对含水量逐渐增加，叶绿素含量逐渐增加，MDA含量逐渐升高，可溶性蛋白含量和SOD、POD活性逐渐升高，可溶性糖含量先升高后降低，黄酮含量逐渐降低；氮素含量达到0.6克/千克时，过量的氮含量抑制少花蒺藜草生理生化指标的含量和活性。

为了能精确控制施肥量和浇水量，准确了解施肥、灌溉栽培措施对少花蒺藜草的防治效果，设计了施肥、灌溉的盆栽试验（图6-1）。施肥试验结果表明：

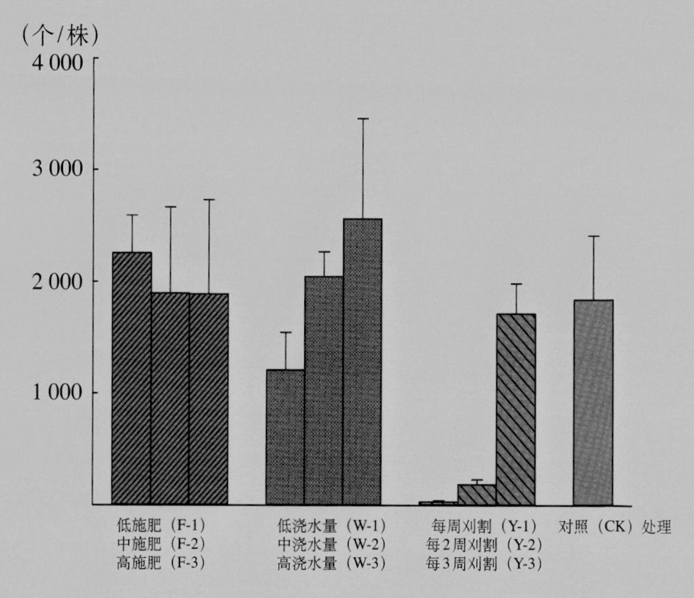

图6-1 刈割、施肥、水分控制各试验少花蒺藜草单株结实量

增施少量化肥可以增加少花蒺藜草结实量，随施肥量的增加，少花蒺藜草结实量不增反而降低，且与低施肥处理组F-1（尿素10克+磷酸二氢钾3克）差异性显著（$P<0.05$），低施肥处理组（F-1）平均单株结实量为2 255.6个/株；而高施肥处理组（F-3）平均结实量为1 889.6粒/株、中施肥处理组（F-2）1 895.7粒/株、对照组（CK）为1 841.4粒/株，高施肥、中施肥两处理组与对照组（CK）少花蒺藜草结实量差异性均不显著（$P>0.05$）。灌溉试验结果表明：水分对少花蒺藜草

结实影响较大，在低水平浇水量（W-1）少花蒺藜草即能完成生活史并产生大量种子，但随着浇水量的增加，少花蒺藜草结实量增长，高水平浇水量（W-3）少花蒺藜草结实量平均为2 562.8个/株，高、中、低浇水量3个处理组及与对照组（CK）差异显著（$P < 0.05$）。

3. 刈割 刈割是防控少花蒺藜草的有效农艺措施。在少花蒺藜草生长期内两周进行一次低位刈割，一直到抽穗期；或在少花蒺藜草孕穗期到抽穗期进行低位刈割，都可以控制少花蒺藜草的结实量。

吕林有等（2011）在少花蒺藜草严重侵染区开展了不同时期刈割控制试验，认为在孕穗期到抽穗期这一时期对少花蒺藜草严重侵染地区进行低位刈割是今后少花蒺藜草刈割防控技术应采用的主要手段。一方面，在少花蒺藜草的营养生长后期，刈割后经过短期营养生长后进入生殖生长，植株地上部分的形成减少，相应的结实数随之减少，大大降低了种群的个体繁殖数量；另一方面，此时刈割颖果刺苞处于软化状态，对家畜不能形成危害，是上等的饲草，提高了利用效率。

为了解刈割对少花蒺藜草的防治效果，设计了少花蒺藜草刈割试验。试验共设3个处理，即每周刈割1次、每2周刈割1次、每3周刈割1次，分别记作Y-1、Y-2、Y-3，每个处理设5个重复，在少花蒺藜草幼苗定植后、株高达8 ~ 10厘米时开始刈割，每次刈割留茬3厘米，少花蒺藜草抽穗后停止刈割。试验结果表明，刈割能有效抑制少花蒺藜草的结实量，试验组Y-1、Y-2、Y-3各处理间及与对照组（CK）存在显著性差异（$P < 0.01$）；一周刈割1次，到少花蒺藜草抽穗停止刈割，共刈割11次，Y-1处理组少花蒺藜草平均结实量仅为26.4粒/株，2周刈割1次，共刈割5次，Y-2处理组结实量平均为189.4个/株，3周刈割1次，共3次，Y-3为1 714.6个/株，对照组（CK）的平均结实量为1 841.4个/株。试验结果表明，一周刈割1次抑制率可达98.57%，能有效控制少花蒺藜草的生长繁殖。

4. 中耕除草　中耕除草技术简单、针对性强，除草干净彻底，又可促进作物生长。选择在少花蒺藜草出苗高峰期进行中耕除草，就可有效地抑制其扩散蔓延，如彰武少花蒺藜草出苗盛期为5月28日至6月18日。更重要的是，在少花蒺藜草开花结实前进行拔除，可以有效地减少少花蒺藜草种子的产量。

5. 放牧控制　少花蒺藜草对人畜的危害时期主要是在刺苞硬化、成熟以后，所以在少花蒺藜草的抽茎分蘖期到扬花结实期，其刺苞尚未形成或刺苞处于软化状态，此时可以放牧控制（图6-2）。既增加了畜禽的饲草来源，又能有效降低少花蒺藜草的种子繁殖数，控制种群数量。

图6-2　利用放牧控制少花蒺藜草（梁万琪摄）

6.清除田园　在农田周边、果园周边、路旁、荒地等都是少花蒺藜草容易生长的地方，要适时铲除；在作物地，播种前用耙地机拖带废旧地毯等棉麻织品，收集地表散落的少花蒺藜草刺苞，集中焚烧或深埋处置（图6-3），降低土壤中少花蒺藜草种子库，减少少花蒺藜草出苗数量。

图6-3 清洁田园和焚烧收集到的少花蒺藜草种子
（付卫东摄）

第三节 物理防治技术

少花蒺藜草的物理防治是指人工拔除或机械刈割少花蒺藜草植株，从而使少花蒺藜草得到防治。物理防治的方法有工人拔除、机械除草等。

1. 物理防治的最佳时期 对于点状发生、面积小、密度小的生境，采用人工直接拔除，最佳时间为少花蒺藜草生长初期，在根系未大面积下扎之前，一般4～5叶期前，此时好拔除；对于成片状、成带状、面积大、密度大的生境地，可在少花蒺藜草抽穗期前进行机械防除，此时最为安全有效。如果在少花蒺藜草抽穗期后，少花蒺藜草刺苞形成、硬化，此时进行人工拔除和机械防除，刺苞可附着在人的衣服或防除机械上向外扩散、传播。

2.物理防治措施　在少花蒺藜草抽穗期前，根据少花蒺藜草发生面积不同，采用不同的防除方式。在发生面积比较大的连片区域内，用割草机械防除；在发生面积小、密度小的区域，采用人工拔除（图6-4）。

另外，由于少花蒺藜草的种子具有休眠特性，当年未萌发的种子可能在数年后仍能萌发。所以，对于少花蒺藜草生长过的地方，一定要予以标记，并连续几年进行观察和防除。

①

图6-4　人工防除少花蒺藜草
（①付卫东摄，②梁万琪摄）

第四节　化学防治技术

化学防治方法是利用化学药剂本身的特性，即对作物和少花蒺藜草的不同选择性，达到保护作物而杀死少花蒺藜草的防除方法。

一、少花蒺藜草不同生长时期的控制措施

（一）少花蒺藜草苗前的处理

对少花蒺藜草生长的土壤进行处理，从而达到提前防治的效果。在少花蒺藜草种子萌发前，可选用甲嘧磺隆、精异丙甲草胺、莠去津、异丙草·莠悬、异甲·莠去津等土壤处理剂兑水喷雾于土壤表层或采用毒土法伴入土壤中，建立起一个除草剂的封闭层，从

而杀死或抑制少花蒺藜草种子萌发。土壤处理原则上采取一次性施用除草剂。

（二）少花蒺藜草幼苗期的处理

少花蒺藜草出苗后，可选用烟嘧磺隆、甲酰胺磺隆、精喹禾灵、精吡氟禾草灵、精喹禾灵等茎叶处理除草剂兑水喷雾于幼苗。

（三）少花蒺藜草生长旺盛期的处理

在少花蒺藜草生长旺盛期，可选用草甘膦等灭生性除草剂兑水定向喷雾于植株茎叶。

二、不同生境类型入侵区的控制措施

对不同生境类型中少花蒺藜草开展化学防治时，应提前详细了解该生境中的敏感植物和作物情况，合理确定除草剂的种类、用量、防治时期或施药方式等（图6-5）。针对有机农产品和绿色食品产地实施少花蒺藜草防治，应遵循有机农产品和绿色食品生产的相关标准，不得使用除草剂的应采用物理防治的方法进行控制。

图6-5　对少花蒺藜草进行化学防治（梁万琪摄）

不同生境类型区的化学控制措施见表6-1。

表6-1　不同生境类型区少花蒺藜草的化学防治药剂选择及施用方法

生境	药剂	用量有效成分（克/公顷）	加水（升/公顷）	处理时间	喷施方式
玉米田	甲嘧磺隆	105	450	出苗前	均匀喷雾
	精异丙甲草胺	720	450	出苗前	均匀喷雾
	烟嘧磺隆	60	450	3～5叶期	茎叶喷雾
	烟嘧磺隆+甲基化植物油	60+1 125	450	3～5叶期	茎叶喷雾
	甲酰胺磺隆	45	450	3～5叶期	茎叶喷雾
阔叶作物地	精喹禾灵	60	450	3～5叶期	茎叶喷雾
	精喹禾灵+甲基化植物油	120+1 125	450	3～5叶期	茎叶喷雾
	精吡氟禾草灵	115	450	3～5叶期	茎叶喷雾
	氟吡甲禾灵	50	450	3～5叶期	茎叶喷雾

（续）

生境	药剂	用量有效成分（克/公顷）	加水（升/公顷）	处理时间	喷施方式
林地、果园	精吡氟禾草灵	115	450	3～5叶期	定向茎叶喷雾
	氟吡甲禾灵	50	450	3～5叶期	定向茎叶喷雾
	精喹禾灵	60	450	3～5叶期	定向茎叶喷雾
荒地	精吡氟禾草灵	115	450	3～5叶期	茎叶喷雾
	精吡氟乙禾灵	50	450	3～5叶期	茎叶喷雾
	稀禾定	190	450	3～5叶期	茎叶喷雾
	草甘膦	1 125	450	3～9叶期	定向茎叶喷雾

三、注意事项

1. 选择好对少花蒺藜草的最佳防治时期。

2. 对少花蒺藜草进行防治时，应选择晴朗天气进行，如施药后6小时下雨，应补喷一次。

3. 草甘膦为灭生性除草剂，注意不能喷施到农作物上，以免造成药害。

4. 在对沟渠边或水源地边的少花蒺藜草进行化学防除时，应防止污染水源，避免影响水质。

5. 在沙质地使用苗前土壤处理除草剂应适当减量，防止出现药害。

6. 在施药区应插上明显的警示牌（图6-6），避免造成人、畜中毒或其他意外。

7. 田间应用时，应避免一个生长季连续多次使用同种药剂，建议不同种除草剂轮换使用，保持少花蒺藜草对除草剂的敏感性，延缓抗药性的产生和发展。

图6-6　对少花蒺藜草进行化学防治后设立警示牌（梁万琪摄）

第五节 替代控制技术

少花蒺藜草在幼苗期生长较为缓慢，此时若有其他植物与之竞争环境资源，将大大削弱其生长势，减轻其危害。若生境中缺少制约因素，少花蒺藜草将增加分蘖数，结实量增加，可能导致其大面积蔓延危害。因此，在保护生态环境的基础上，利用本土植物替代控制少花蒺藜草也是生态治理少花蒺藜草的主要方式之一(图6-7)。

图6-7 利用替代控制技术控制少花蒺藜草
（①②张瑞海摄，③付卫东摄）

少花蒺藜草替代控制是将一些竞争能力强的本土植物种植于少花蒺藜草入侵地而抑制其生长发育，最终替代少花蒺藜草，从而有效地控制其扩散蔓延。赵艳等（2010）在少花蒺藜草严重侵染区，采用3种不同行距种植多年生苜蓿进行替代控制试验，探索有效控制少花蒺藜草扩散技术。结果表明，采取30厘米行距种植多年生苜蓿能够更有效地控制少花蒺藜草肆意扩散，可以在少花蒺藜草防控工作中推广应用。

为了解替代控制对少花蒺藜草的控制效果，进行了小区试验。选取向日葵、菊芋作为替代种植作物，设3个处理小区，分别为向日葵与少花蒺藜草混种、菊芋与少花蒺藜草混种、少花蒺藜草单种。小区面积为5米×5米，每个小区3个重复（图6-8）。播种前进行整地、除草、起垄，划分小区，具体播种方法见表6-2。在少花蒺藜草植株生长进入抽穗期，采用5点取样法，每点取4株，每试验小区共取60株，套纱网，做好标记，及时收集成熟种子。试验结束后，统计小区内少花蒺藜草结实量。试验期间不施肥，不除草，作物生长依靠自然降水。

图6-8 替代小区试验（张瑞海摄）

表6-2　替代种植播种方法

小区	植物	播种方法
1	向日葵+少花蒺藜草	向日葵播种方式采用点播，行、株距50厘米。播种完毕后，移栽5厘米左右高度的少花蒺藜草于向日葵行间。每个小区播种向日葵81穴，少花蒺藜草72株
2	菊芋+少花蒺藜草	菊芋播种方式采用点播，选取带芽的菊芋小块，点播于小区内，行、株距50厘米。播种完毕后，移栽5厘米左右高度的少花蒺藜草于菊芋行间。每个小区播种向日葵81穴，少花蒺藜草72株
CK	少花蒺藜草	移栽5厘米左右高度的少花蒺藜草于小区中，共移栽少花蒺藜草72株

替代试验结果表明（表6-3），试验中向日葵和菊芋处理组按照常规方式种植，在即行距50厘米×株距50厘米下，两种处理组与对照组（CK）相比，少花蒺藜草平均单株分枝数分别降低98.48%、97.45%，其抑制效果在各处理间存在显著差异（$P<0.01$）；向日葵试验处理组少花蒺藜草平均单株结实量为23.30个/平方米，菊芋试验处理组少花蒺藜草平均单株结实量为34.50个/平方米，对照组（CK）平均结实量为1 532.20个/平方米，试验组与对照组差异极为显著（$P<0.01$）。试验表明，两种种植方式均对少花蒺藜草表现出很强的胁迫作用，

少花蒺藜草分蘖能力降低，营养生长和繁殖能力受到显著抑制，绝大部分个体没有次级枝条形成，株型多直立，生殖高度较低。少花蒺藜草为一年生草本植物，颖果是其唯一繁衍后代的方式。因此，减少颖果结实数能有效控制少花蒺藜草蔓延扩散，达到控制其扩散的效果。

表6-3 向日葵和菊芋竞争对少花蒺藜草各形态指标的影响（平均值 ± 标准误）

项目	向日葵×少花蒺藜草	菊芋×少花蒺藜草	少花蒺藜草
分蘖数（个）	3.67±1.53	9.00±2.65	40.67±4.51
株高（厘米）	14.73±4.54	21.00±4.16	47.70±4.91
生物量（克）	4.30±0.75	5.47±0.91	25.10±1.65
结实量(个/平方米)	23.30±4.45	34.50±5.60	1 532.20±175.78

一、替代植物与种植方法

选择菊芋、紫花苜蓿、沙打旺、羊草、紫穗槐等本地植物替代控制农田、果园、草场等生态系统中的少花蒺藜草，这些本地植物萌发早，生长迅速，能在短期内形成较高的郁闭度，与少花蒺藜草争夺光照与养分，抑制少花蒺藜草的生长，多年控制效果更为显著。具体替代植物种植方法、适用生境类型见表6-4。

表6-4　替代植物的种植方法

替代植物	拉丁名	种植方法	适用生境
菊芋	*Helianthus tuberosus* L.	翻耕后起垄，块茎穴播于垄上，行株距为（40～60）厘米×（10～20）厘米，播深10～15厘米，播种量为450～750克/公顷，覆土1～2厘米	荒地
向日葵	*Helianthus annuus L*	翻耕，点播，行距30～40厘米、株距40～60厘米，播深1～3厘米	荒地、路边
紫花苜蓿	*Medicago sativa* L.	翻耕，行距为30～35厘米，条播，播深为1～3厘米，播种量22.5～30千克/公顷，播种后覆土1～2厘米	草场、农田、林地、果园
沙打旺	*Astragalus adsurgens* Pall.	翻耕，行距40～60厘米，条播，播种量为22.5～30千克/公顷，播种后覆土1～2厘米	草场、林地、果园
紫花苜蓿+沙打旺	*Medicago sativa* L.+ *Astragalus adsurgens* Pall.	翻耕，行距40～60厘米，条播，播种量为22.5～30千克/公顷，紫花苜蓿和沙打旺的播种量的比为1：（0.5～1.5），播种后覆土1～2厘米	草场、荒地、农田林地、果园

（续）

替代植物	拉丁名	种植方法	适用生境
紫花苜蓿+披碱草	*Medicago sativa* L.+ *Elymus dahuricus* Turcz	翻耕后起垄，紫花苜蓿22.5千克、披碱草30千克混土搅拌均匀后撒播于垄间	草场、林地、荒地
沙打旺+披碱草	*Astragalus adsurgens* Pall.+ *Elymus dahuricus* Turcz	翻耕后起垄覆膜，沙打旺17.5千克、披碱草30千克混土搅拌均匀后撒播于垄间	草场、荒地、农田、林地、果园
羊草	*Leymus chinensis*(Trin.) Tzvel.	旋耕机深翻，撒播，播种量120千克 /公顷，播种后覆沙1～2厘米	草场、荒地
紫穗槐	*Amorpha fruticosa* L.	行株距50厘米×50厘米，幼苗移栽	荒地

二、少花蒺藜草替代控制技术示范

少花蒺藜草防控试验区位于内蒙古通辽市莫力庙苏木布林嘎查（图6-9）。“少花蒺藜草替代控制技术研究”根据尽量选用当地物种、资源生态位较高、具有较强的竞争能力、生物量大、基本不受外来杂草的化感作用影响以及可观赏性、经济性、管理粗放的原则，筛选17种供试植物，使用的替代植物为适合内蒙古地区土壤中生长的紫花苜蓿、沙打旺、高丹草、燕麦、向日葵、无芒雀麦、羊草、冬牧70黑麦、苇状羊茅、披碱草、草木樨等。按照不同组合搭配和土壤养分处理安排试验24个，占地14亩*。

*　亩为非法定计量单位。1亩=1/15公顷。

图6-9　少花蒺藜草防控试验区建设（①②张瑞海摄，③宋振摄，④姚颖摄）

①标志牌；②防控试验区一角；③播种；④科研工作人员合影。

少花蒺藜草防控示范区替代控制防治效果见图6-10。

图6-10　少花蒺藜草防控示范区替代控制防治效果（付卫东摄）

少花蒺藜草防控示范区科研数据测量与采集见图6-11。

图6-11 少花蒺藜草防控示范区数据测量与采集（①付卫东摄，②③张瑞海摄）

三、少花蒺藜草现场灭除活动

2013年8月13日，由农业部主办，内蒙古自治区农牧业厅、通辽市人民政府承办的“外来入侵生物少花蒺藜草内蒙古自治区现场灭除活动”在通辽市科尔沁区四合屯牧场举办启动仪式，来自全国11个省（自治区、直辖市）农业环保机构的代表、科研院所专家和当地群众共600余人采用人工、机械铲除和化学防除的方法，对当地少花蒺藜草进行了集中灭除，并参观了生物替代与化防示范区(图6-12)。

图6-13　少花蒺藜草现场灭除活动现场
（韩颖摄）

第六节　资源化利用

薛树媛等（2007）对在内蒙古鄂托克前旗境内采集当地草原上分布较广、山羊喜食的蒺藜草（*C.echinatus*）(疑似少花蒺藜草，需进一步考证)的饲用价值指标进行了分析：干物质(DM)为94.07%，粗蛋白(CP)为17.3%，粗脂肪(EE)为2.98%，中洗涤纤维(NDF)为44.16%，酸性洗涤纤维（ADF）为34.5%，中性洗涤木质素（ADL）为6.8%，粗灰分为（Ash）为13.91%，无氮浸出物（NFE）为39.91%，消化率（DMD）为60.02%，总能（GE）为16.66兆焦/千克，消化能（DE）为10.00兆焦/千克，代谢能（ME）为8.15兆焦/千克，干物质随意采食量（IDM）为2.40千克/天。研究结果表明，蒺藜草为较好的牧草。陈默君等（2002）的试验结果表明，营养生长期其粗蛋白的含量占绝对干物质的9.78%，粗脂肪占2.25%。

少花蒺藜草抗逆性强，尤其是抗旱耐瘠薄，在风积沙地、裸露沙丘及荒漠中常形成层片，具有防风固沙的生态价值。另外，据检测分析，少花蒺藜草的粗蛋白含量高达 20.30%，是牛羊喜食的上等饲草。根据其危害机理及生态价值，可以对少花蒺藜草有效开发利用。在生长前期，一般在 6 月上旬之前，少花蒺藜草的生长增加了地表覆盖度，具有良好的防风固沙作用；6 月中旬至 8 月上旬是少花蒺藜草的抽茎分蘖期到扬花结实期，其刺苞尚未形成或刺苞处于软化状态，此时可以放牧利用，既增加了牛羊的饲草来源，又能有效地降低少花蒺藜草的种子繁殖数，控制种群数量；8月中旬之后，少花蒺藜草刺苞形成并硬化，可附着在家畜毛皮上进行传播，该时期应对少花蒺藜草严重侵染地段禁牧，防止放牧活动传播（孙英华等，2011）。

第七节　不同生境防治技术模式

按照分区施策、分类治理的策略，利用检疫、农业、物理、化学和替代控制技术防治少花蒺藜草。不同生境中的少花蒺藜草的防治技术有所差别，对于不同生境应采取不同的防治模式。

一、荒地

荒地中少花蒺藜草的防治，可根据不同的时期，配以物理、植物替代、化学防治相结合的防治措施。

在少花蒺藜草出苗后，使用推荐的除草剂防除(表6-1)，从苗期开始抑制少花蒺藜草的生长。

在少花蒺藜草刺苞尚未形成或刺苞处于软化状态，植株达到一定高度，对于点状、零星分布区域，可人工刈割或直接拔除；对于成片、成带状，面积较大区域，则配以除草机械刈割，刈割后的植物残体可作为牛、羊饲料。

根据当地生态条件，种植替代植物，如菊芋、羊草、紫穗槐等（表6-2）。

二、草场

草场生态系统以替代控制为主，农艺措施、物理防除为辅。少花蒺藜草发生严重地区，在少花蒺藜草抽穗期前，应用机械刈割后，种植竞争力高的草场优势种，定期观察少花蒺藜草复发状况。如复发，则要再次刈割，直到优势种替代成功。在少花蒺藜草零星入侵的地区，要及时刈割其植株或直接人工拔除。

三、农田

对于农田生态系统，以农艺措施、物理防治等为主，辅以化学防治。

采取免耕措施，降低土壤中少花蒺藜草种子库数量。

播种前，清洁田埂和农田。用耙地机拖带废旧地毯等棉麻织品，收集地表散落的少花蒺藜草刺苞，集中焚烧或深埋处置，降低土壤中少花蒺藜草种子库，减少少花蒺藜草出苗数量。

作物苗期，少花蒺藜草发生密度较小时，可采取人工拔除、刈割、中耕、机械铲除；发生密度较大时，可根据农田作物种类选择推荐除草剂防除（表6-1）。

四、林地、果园

林地、果园的防治以替代控制为主，同时辅以物理和化学防治措施。对于林地、果园的少花蒺藜草，发生密度小时，可直接人工拔除；发生密度大时，可先刈割，翻耕后种植紫花苜蓿、沙打旺、披碱草等牧草，同时观察少花蒺藜草的生长状况，辅以物理和化学防治措施。

附录

附录1　蒺藜草属检疫鉴定方法

根据《蒺藜草属检疫鉴定方法》(SN/T 2760—2011) 编写。

一、范围

本方法规定了进出境植物检疫中对蒺藜草属的检疫和形态鉴定方法。

本方法适用于进出境粮谷类、油籽类、纺织棉麻类等货物中的蒺藜草属的检疫和鉴定，也适用于蒺藜草属(非中国种)的检疫和鉴定。

二、术语和定义

下列术语和定义适用于本文件。

（一）非中国种 non-native species

中国未有发生的种。

（二）小穗 spikelet

构成禾本科植物复花序的基本单位，每个小穗具1朵或多朵小花，每朵小花外面包着外稃和内稃，内有雄蕊和雌蕊，每个小穗的基部一般有2个颖片。

（三）颖片 glume

禾本科植物小穗基部的苞片。

（四）稃 husk

禾本科小穗上的小花，其外面具有的2片苞片，在外一片称为外稃，包着的内部一片称为内稃。

（五）苞片 bract

一种叶状或鳞片状的结构，通常位于一朵花或一小穗的基部。

（六）总苞 involucre

包围花或花簇基部的一轮苞片。

三、原理

（一）分类地位

蒺藜草属（*Cenchrus* L.）为单子叶植物纲（Monocotyledoneae）、莎草目（Cyperales）、禾本科（Poaceae）植物。据报道，该属在全球约11种，其同物异名和非中国种情况见附表1-1。

附表1-1　蒺藜草属同物异名和非中国种情况

学名	英文名称	异名	是否为非中国种
Cenchrus agrimonioides Trin. 变种：*Cenchrus agrimonioides* var. *agrimonioides* Trin. 变种：*Cenchrus agrimonioides* var. *laysanensis* F. Br.	Kamanomano	*Cenchrus pedunculatus* O. Dcg. & Whitney	是
Cenchrus biflorus Roxb.	Indian sandbnrr	*Cenchrus barbatus* Schumacher *Cenchrus catharticus* Dclile	是
Cenchrus brownii Roemer &. J. A. Schultes	slimbristle sand bur	*Cenchrus viridis* Sprcng.	是
Cenchrus ciliaris L.[a]	buffel grass	*Pennisetum ciliare* (L.) Link. *Pennisetum Cenchroides* (L.) Rich.	否
Cenchrus echinatus L.[a]	burgrass common sandbur field sandbur konpeito-gusa sand burr scmbulabula southern sandbur	*Cenchrus echinutus* var. *hillebrandianus* （A. S. Hitchc.) F. Br.	否

（续）

学名	英文名称	异名	是否为非中国种
Cenchrus gracillimus Nash	slender sandbur	无	是
Cenchrus Longispinus (Hack.) Fern.	burgrass field sandbur innocent-weed longspine sandbur mat sandbur sandbur	*Cenchrus carolinianus* Walt.	是
Cenchrus myosuroides Kunth	big sandbur	*Cenchropsis myosuroides* (Kunth) Nash	是
Cenchrus setigerus Vahl[a]	birdwood grass	*Cenchrus setiger* Vahl	否
Cenchrus spinifex Cav.[a]	coastal sandbur feild sandbur	*Cenchrus carolinianus* Walt. *Cenchrus incertus* M. A. Curtis *Cenchrus parviceps* Shinners *Cenchrus pauciflorus* Benth.	否
Cenchrus tribuloides L.	sanddune sandbur	无	是

注：水牛草(*Cenchrus ciliaris* L.)分类存在争议，有学者将其归属到狼尾草属(*Pennisetum* Rich.)。

[a] Flora of China有记录分布的种。

（二）传播方式和途径

蒺藜草属是禾本科的重要危险性杂草，在进口大豆、小麦、芝麻等植物产品中多次被截获到。成熟时，种子随总苞一起脱落，常常和货物混杂在一起，随货物调运、传播，由于其总苞具刺，因此也常常黏附在动物身上，随动物及动物产品传播。同时，蒺藜草属的一些种可以作为饲草被种植而被人为传播。

（三）鉴定特征依据

蒺藜草属的生物学特性及其植株和种子形态学特征，是本检疫鉴定方法的依据。

四、仪器和用具

（一）仪器设备

1. 体视显微镜（10 ～ 40倍）、扩大镜。

2. 电动筛和孔筛　电动筛规格旋转速率100 ～ 150转/分，孔筛一般采用圆筛（孔径3.5毫米和2.0毫米）。室内筛样检验时，均采用双层筛子筛样，即上层筛孔径3.5毫米和下层筛孔径2.0毫米。

3. 电子天平（精度：1/1 000）。

（二）仪器用具

1. 白瓷盘　可采用多种规格的白瓷盘。

2. 解剖刀、解剖针、镊子、培养皿、指形管、广口瓶、双面胶。

3. 标本瓶、标签、原始记录纸、吸水纸、樟脑精、干燥剂。

五、实验室检测和鉴定

（一）样品制备

将送检样品倒入瓷盘内，摊平备查。如样品较多，可制取平均样品；对制取的平均样品，采取四分法，取该样品的1/2 ~ 3/4（较少样品）作为试验样品，其余的作为保存样品，精确称取检验样品的质量（精确到0.01千克）。

（二）样品检测

为方便检测，可把样品倒入电动筛或孔筛中。用电动筛筛样时，电动筛的旋转速率为120转/分，每次旋转3分钟。用孔筛筛样时，可视样品的多少，分次筛样，每筛旋动10 ~ 20次，筛样时间3分钟。把筛上和筛下物分别倒入白瓷盘或培养皿中。蒺藜草属刺状总苞较大，而且种子不易从苞中脱离，一般在上层筛的筛上物中。

（三）镜检

在上层筛的筛上物中挑取拟似杂草种子放入培养皿中，在解剖镜或扩大镜下镜检。

（四）鉴定特征

1.蒺藜草属植株特征　一年生或多年生草本，通常低矮而具分枝，秆压扁，一侧具深沟，基部屈膝状或横卧地面，近地面节上生根，下部各节常具分枝。叶鞘松弛，叶舌短小，叶片线形，质地柔软，上面粗糙，无毛或疏被长柔毛。总状花序直立，具扁平叶片，总状花序顶生，小穗单生或少数聚生，无柄，外围以多数由刚毛状的不育小枝联合形成的刺状总苞（刺状硬壳、刺苞），着生在短而粗的总梗上，刺苞连同总梗极易脱落；谷粒通常肿胀，先端渐尖，种子在刺苞内萌发。

2.蒺藜草属小穗的主要特征　小穗一至数枚簇生于刺状总苞内，总苞球状，常具多枚硬刺或刚毛，刺苞球形，其裂片于中部以下连合，背部被细毛，边缘被白色纤毛，顶端具倒向糙毛，基部具一圈小刺毛，裂片直立或反曲，但彼此不相连接；小穗无柄，披针形；第一颖薄膜质，狭小，卵状披针形，具一脉；第二颖卵状披针形，具3～5脉；第一小花的外稃具5脉，与小穗近等长，外稃成熟后质硬，先端渐尖，边缘包卷同质内稃。内稃狭长，长与外稃近等；第二小花的外稃质地较厚，具5脉；内稃稍短。

3.蒺藜草属种子的特征　颖果，卵圆形或近卵圆形，背腹略扁，胚部大而明显，种脐褐色。蒺藜草属刺状总苞和种子形态见附图1-1至附图1-10。

附图1-1　Cenchrus agrimonides var. *agrimonioides* Trin 刺状总苞

附图1-2　*Cenchrus biflorus* Roxb 刺状总苞和种子

附图1-3　*Cenchrus brownii* Roem. & Schult 刺状总苞和种子

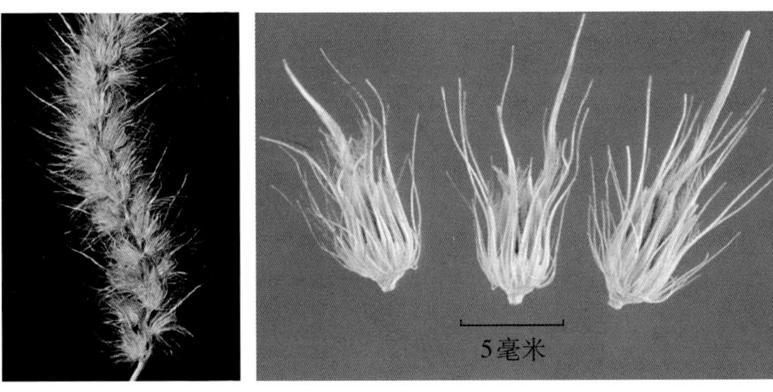

附图1-4 *Cenchrus ciliaris* L. 刺状总苞

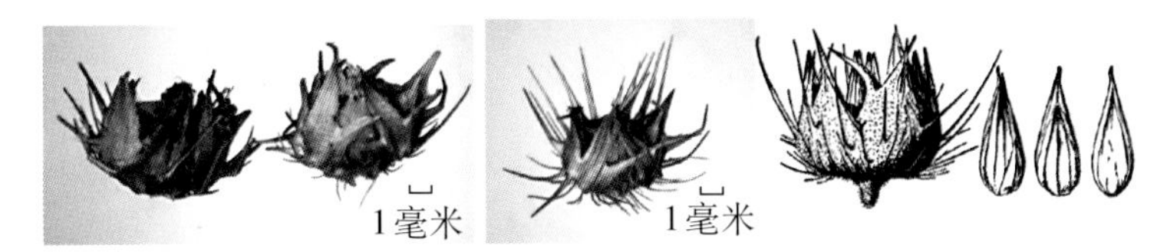

附图1-5 刺蒺藜草（*Cenchrus echinatus* L.）刺状总苞和种子

附图1-6 *Cenchrus gracillimus* Nash刺状总苞和种子

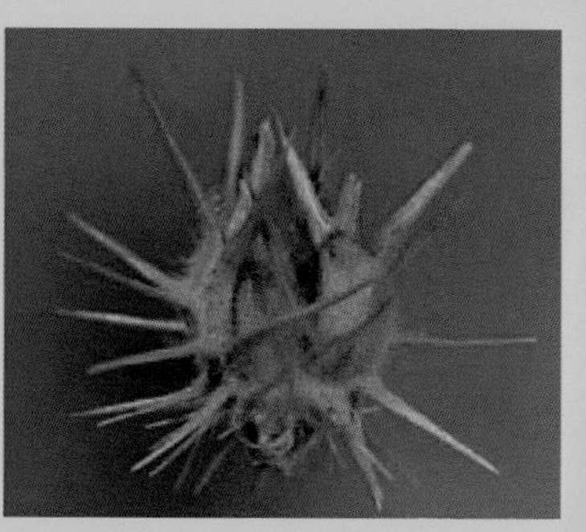

附图1-7　长刺蒺藜草[*Cenchrus longispinus* (Hack.) Fern.]
刺状总苞和种子

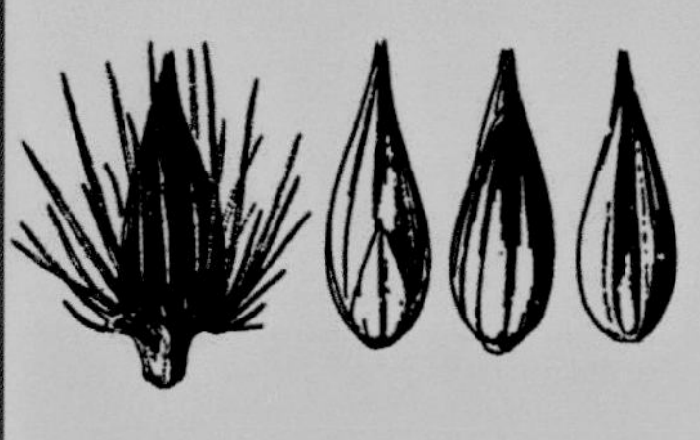

附图1-8　*Cenchrus myosuroides* Kunth. 刺状总苞和种子

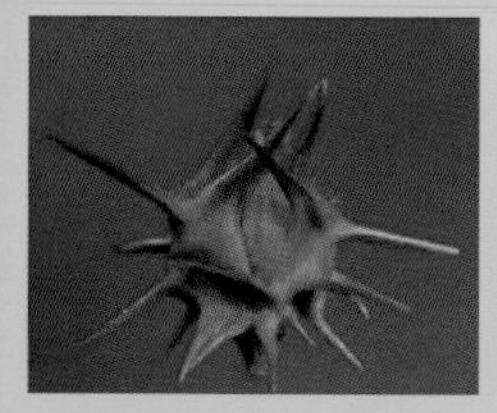

附图1-9　少花蒺藜草（*Cenchrus spinifex* Cav.）刺状总苞和种子

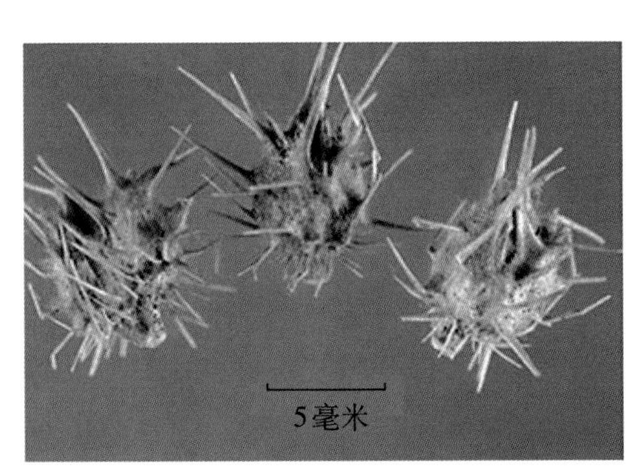

附图1-10 *Cenchrus tribuloides* L. 刺状总苞和种子

4. 刺蒺藜草（*Cenchrus echinatus* L.）、长刺蒺藜草［*Cenchrus longispinus* (Hack.)Fetn.］和少花蒺藜草（*Cenchrus spinifex* Cav.）的区别 见附表1-2。

附表1-2 刺蒺藜草、长刺蒺藜草和少花蒺藜草的比较

<table>
<tr><th colspan="2">种名</th><th>刺蒺藜草
Cenchrus echinutus L.</th><th>长刺蒺藜草
Cenchrus longispinus (Hack.)Fern.</th><th>少花蒺藜草
Cenchrus spinifex M.Curtis</th></tr>
<tr><td colspan="2">植株</td><td>一年生</td><td>一年生，高60厘米，茎基部常红色</td><td>一年生，高20～60厘米</td></tr>
<tr><td rowspan="3">刺状总苞</td><td>数量</td><td>60个</td><td>40个</td><td>8～20个</td></tr>
<tr><td>刺</td><td>刚毛状，下部苞片较纤细，呈刚毛状，上部苞片较硬</td><td>刺状；最长的刺通常大于5.0毫米</td><td>刺状；最长的刺通常小于5.0毫米</td></tr>
<tr><td>刺边缘</td><td>密生长柔毛</td><td>通常无毛</td><td>刺苞及刺的下部具柔毛</td></tr>
</table>

（续）

种名			刺蒺藜草 *Cenchrus echinutus* L.	长刺蒺藜草 *Cenchrus longispinus* (Hack.)Fern.	少花蒺藜草 *Cenchrus spinifex* M.Curtis
刺状总苞	刺的数量		密生	10余个	通常10个左右
	大小(毫米)		5～6	4～5	6～8
小穗	数量		2～7	2～4	2～4
	不育小穗	颖片	膜质	膜质	膜质
		小花	仅存内外稃	仅存内外稃	仅存内外稃
	可育小穗	颖片	第一颖三角状卵形，长约2毫米,先端渐尖；第二颖卵状披针形，长3.5～5.0毫米，具5脉	颖片膜质，第一颖三角形，短于小穗，具1脉；第二颖与小穗等长，具5脉	第一颖三角形，短于小穗；第二颖具3～5脉
		不育小花	外稃卵状披针形，膜质，与小穗等长或稍短，具5脉；内稃线状披针形，具2脉	外稃狭卵形，膜质，与小穗等长，具5脉；内稃狭卵形，膜质，短于外秤，具2脉	外稃，膜质，与小穗等长，具5脉；内稃，膜质，短于外稃，具2脉

（续）

种名			刺蒺藜草 *Cenchrus echinutus* L.	长刺蒺藜草 *Cenchrus longispinus* (Hack.)Fern.	少花蒺藜草 *Cenchrus spinifex* M.Curtis
小穗	可育小穗	结实小花	外稃卵状披针形，与小穗等长，革质，具5脉，先端渐尖，边缘卷曲紧抱同质内稃，基部表面有U形隆起；内稃具2脉，背面光滑，有时近顶端于2脉之间疏生向上的短刺毛	外稃革质，表面光滑，有光泽，具5脉，基部中央有U形隆起；内稃革质，具2脉	外稃质硬，背部平坦，先端尖，具5脉，上部明显，边缘薄，包卷内稃；内稃突起，具2脉，稍成脊
		颖果	阔卵形，长2.0～3.0毫米，宽1.5～2.0毫米，呈淡黄褐色；胚体长，约占果体的4/5；脐卵形，呈黑褐色	阔卵形，长2.0～3.0毫米，宽2.5毫米，两端钝圆，或基部急尖；胚体大；脐褐色	几呈圆形，长2.7～3.0毫米，宽2.4～2.7毫米，黄褐色或深褐色；胚极大，圆形，几乎占果体整个背面；脐深灰色

六、结果评定

以成熟种子特征为依据，符合上述第五部分“实验室检测和鉴定”（二）、（三）、（四）形态特征可鉴定为蒺藜草属种。

七、样品保存

保存样品应加贴标签，置放于恒温、防霉、防蛀处保存，保存期限6个月。保存期满后，样品应作灭活处理。

附录2　外来入侵植物监测技术规程　少花蒺藜草

根据《外来入侵植物监测技术规程　少花蒺藜草》（NY/T 2689—2015）编写。

一、范围

本规程规定了少花蒺藜草监测的程序和方法。

本规程适用于少花蒺藜草适生区域农业环保、植保、畜牧、草原部门开展对少花蒺藜草监测。

二、规范性引用文件

下列文件对于本文件的应用是必不可少的。凡是注日期的引用文件，仅注日期的版本适用于本文件。凡是不注日期的引用文件，其最新版本（包括所有的修改单）适用于本文件。

NY/T 1861—2010　外来草本植物普查技术规程

三、术语和定义

下列术语和定义适用于本文件。

（一）监测　monitoring

在一定的区域范围内，通过走访调查、实地调查或其他程序持续收集和记录某种生物发生或不存在的数据的官方活动。

（二）适生区 suitable geographic distribution area

在自然条件下，能够满足一个物种生长、繁殖并可维持一定种群规模的生态区域，包括物种的发生区及潜在发生区（潜在扩散区域）。

（三）土壤种子库 seed bank

存在于土壤中和土壤表面所有具有活力种子的总和。

四、监测区的划分

开展监测的行政区域内的少花蒺藜草适生区即为监测区。

以县级行政区域作为发生区与潜在发生区划分的基本单位。县级行政区域内有少花蒺藜草发生，无论发生面积大小，该区域即为少花蒺藜草发生区。潜在发生区的划分应以农业部外来物种主管部门指定的专家团队作出的详细风险分析报告为准。

少花蒺藜草的识别特征见第一章。

五、发生区的监测

（一）监测点的确定

在开展监测的行政区域内，依次选取20%的下一级行政区域直至乡（镇）（有少花蒺藜草发生），每个乡（镇）选取3个行政村，设立监测点。少花蒺藜草发生的省、市、县、乡（镇）或村的实际数量低于设置标准的，只选实际发生的区域。

（二）监测内容

监测内容包括少花蒺藜草的发生面积、分布扩散趋势、生态影响、经济危害等。

（三）监测时间

每年对设立的监测点开展调查，监测开展的时间为每年的5～9月。可在苗期、花期进行监测。

（四）监测用具

采集箱或塑料袋、放大镜、照相机和摄像机、全球定位系统(GPS)或全位仪、钢卷尺、标签(号牌)、原始记录卡片、纱网袋和布袋、枝剪、小铁铲、尖镊子、铅笔(橡皮)、小刀等。

（五）土壤种子库调查

将取回的土样把凋落物、根、石头等杂物筛掉，然后将土样均匀地平铺于萌发用的花盆里，浇水，定期观测土壤中少花蒺藜草种子萌发情况，对已萌发出的幼苗计数后清除。如连续两周没有种子萌发，再将土样搅拌混合，继续观察，直到连续两周不再有种子萌发后结束，检测的结果按表5-10的要求记录和整理。

（六）群落特征调查

群落调查可采取样方法或样线法。调查方法确定后，在此后的监测中不可更改。

1.样方法　在监测点选取1～3个少花蒺藜草发生的典型生境设置样地，在每个样地内选取20个以上的样方，样方面积2～4平方米。

对样方内的所有植物种类、数量及盖度进行调查，调查的结果按表5-5、表5-6的要求记录和整理。

2.样线法　在监测点选取1～3个少花蒺藜草发生的典型生境设置样地，随机选取1条或2条样线，每条样线选50个等距的样点。常见生境中样线的选取方案见表5-7。样点确定后，将取样签垂直于样点所处地面插入地表，插入点半径5厘米内的植物即为该样点的样本植物，按表5-8、表5-9的要求记录和整理。

（七）危害等级划分

根据少花蒺藜草的盖度（样方法）或频度（样线法），将少花蒺藜草危害分为3个等级：

——1级：轻度发生，盖度或频度<5%。

——2级：中度发生，盖度或频度5%～20%。

——3级：重度发生，盖度或频度>20%。

（八）发生面积调查方法

采用踏查结合走访调查的方法，调查各监测点（行政村）中少花蒺藜草的发生面积与经济损失，根据所有监测点面积之和占整个监测区面积的比例，推算少花蒺藜草在监测区的发生面积与经济损失。

对发生在农田、果园、荒地、绿地、生活区等具有明显边界的生境内的少花蒺藜草，其发生面积以相应地块的面积累计计算，或划定包含所有发生点的区域，以整个区域的面积进行计算；对发生在草场、森林、铁路与公路沿线等没有明显边界的少花蒺藜草，持GPS定位仪沿其分布边缘走完一个闭合轨迹后，将GPS定位仪计算出的面积作为其发生面积。其中，铁路路基、公路路面的面积也计入其发生面积。对发生地地理环境复杂（如山高坡陡、沟壑纵横）、人力不便或无法实地踏查或使用GPS定位仪计算面积的，可使用目测法、通过咨询当地国土资源部门（测绘部门）或者熟悉当地基本情况的基层人员，获取其发生面积。

调查的结果按表5-11的要求记录。

（九）经济损失调查方法

在对监测点进行发生面积调查的同时，调查少花蒺藜草危害造成的经济损失情况。

少花蒺藜草对耕作区、林地、草原（场）、人畜健康及社会活动等造成危害的，应估算其经济损失。可通过当地受害的作物、果树、林木、牧草等的产量或载畜量与未受害时的差值，人类受伤害后的误工费和医疗费，社会活动成本增加量等估算经济损失。

（十）生态影响评价方法

少花蒺藜草的生态影响评价按照NY/T 1861—2010的规定执行。

在生态影响评价中，通过比较相同样地中少花蒺藜草及主要伴生植物在不同监测年份的重要值的变化，反映少花蒺藜草的竞争性和侵占性；通过比较相同样地在不同监测年份的生物多样性指数的变化，反映少花蒺藜草入侵对生物多样性的影响。

监测中采用样线法时，通过生物多样性指数的变化反映少花蒺藜草的影响。

六、潜在发生区的监测

（一）监测点的确定

在开展监测的行政区域内，依次选取20%的下一级行政区域至地市级，在选取的地市级行政区域中依次选择20%的县（均为潜在分布区）和乡（镇），每个乡（镇）选取3个行政村进行调查。县级潜在分布区不足选取标准的，全部选取。

（二）监测内容

少花蒺藜草是否发生。在潜在发生区监测到少花蒺藜草发生后，应立即全面调查其发生情况并按照本规程第五部分“发生区的监测”规定的方法开展监测。

（三）监测时间

根据离监测点较近的发生区或气候特点与监测区相似的发生区中少花蒺藜草的生长特性，或者根据现有的文献资料进行估计确定，选择少花蒺藜草可能开花的时期进行。

（四）调查方法

1.踏查结合走访调查　对监测点（行政村）进行走访调查和踏查，调查结果按表5-2的要求记录。

2.定点调查　对监测点（行政村）内少花蒺藜草的常发生境，如养殖场、草场、河流、沟渠、交通主干道等进行重点监测。对园艺/花卉公司、种苗生产基地、良种场、原种苗圃、农产品加工等有对外贸易或国内调运活动频繁的高风险场所及周边，尤其是与少花蒺藜草发生区之间存在牧草、粮食、种子、花卉等植物和植物产品以及牲畜皮毛等可能夹带少花蒺藜草种子的货物调运活动的地区及周边，进行定点或跟踪调查。调查结果按表5-4的要求记录。

七、标本采集、制作、鉴定、保存和处理

在监测过程中发现的疑似少花蒺藜草而无法当场鉴定的植物，应采集制作成标本，并拍摄其生境、全株、茎、叶、花、果、地下部分等的清晰照片。标本采集和制作的方法参见NY/T 1861—2010中的附录G。

标本采集、运输、制作等过程中，植物活体部分均不可遗撒或随意丢弃，在运输中应特别注意密封。标本制作中掉落后不用的植物部分，一律烧毁或灭活处理。

疑似少花蒺藜草的植物带回后，应首先根据相关资料自行鉴定。自行鉴定结果不确定或仍不能作出鉴定的，选择制作效果较好的标本并附上照片，寄送给有关专家进行鉴定。

少花蒺藜草标本应妥善保存于县级以上的监测负责部门，以备复核。重复的或无须保存的标本应集中销毁，不得随意丢弃。

八、监测结果上报与数据保存

发生区的监测结果应于监测结束后或送交鉴定的标本鉴定结果返回后7日内汇总上报。

潜在发生区发现少花蒺藜草后，应于3日内将初步结果上报，包括监测人、监测时间、监测地点或范围、初步发现少花蒺藜草的生境、发生面积和造成的危害等信息，并在详细情况调查完成后7日内上报完整的监测报告。

监测中所有原始数据、记录表、照片等均应进行整理后妥善保存于县级以上的监测负责部门，以备复核。

附录3　少花蒺藜草综合防治技术规范

根据《少花蒺藜草防治技术规范》(NY/T 3077—2017）编写。

一、范围

本规范规定了少花蒺藜草的综合防治原则、策略和防治技术措施。

本规范适用于农业环境保护、植物保护、草原监理等部门对少花蒺藜草的综合防治。

二、规范性引用文件

下列文件对于本文件的应用是必不可少的。凡是注日期的引用文件，仅注日期的版本适用于本文件。凡是不注日期的引用文件，其最新版本（包括所有的修改单）适用于本文件。

GB 4285　农药安全使用标准

NY/T 1276　农药安全使用规范　总则

NY/T 1861—2010　外来草本植物普查技术规程

NY/T 2155—2012　外来入侵杂草根除指南

NY/T 2689—2015　外来入侵植物监测技术规程　少花蒺藜草

三、术语和定义

下列术语和定义适用于本文件。

（一）刈割 clipping

采用人力或机械对少花蒺藜草植物地上部分进行收割、收获、修剪，以达到控制其生长、危害的一种农艺措施。

（二）替代控制 replacement control

替代控制是一种生态控制方法，其核心是选择一种或多种适应强、生长速度快、对环境友好，具有经济、生态价值的植物或组合，达到控制或取代入侵植物的目的。

四、防治的原则和策略

（一）防治原则

采取“预防为主，综合防治”的原则。加强检疫和监测，防止少花蒺藜草向未发生区传播扩散；综合协调应用有关杂草控制技术措施，显著减少对经济和生态的危害，以取得最大的经济效益和生态效益。

（二）防治策略

采取群防群治与统防统治相结合的绿色防控措施，根据少花蒺藜草发生的危害程度及生境类型，按照分区施策、分类治理的策略，综合利用检疫、农艺、物理、化学和生态措施控制少花蒺藜草的发生危害。

五、监测方法

少花蒺藜草的监测应符合NY/T 2689—2015的规

定。对少花蒺藜草发生生境、发生面积、危害方式、危害程度、潜在扩散范围、潜在危害方式、潜在危害程度等监测。少花蒺藜草的形态特征见第一章。

六、主要防治措施

（一）植物检疫

严把植物检疫关，加强对从少花蒺藜草疫区种子和种畜调运、农产品和畜产品与农机具检疫。

（二）农艺措施

通过增肥、控水调控措施，提高植被覆盖度和竞争力，有效抑制少花蒺藜草的生长和危害；在少花蒺藜草孕穗期低位刈割，两周刈割1次；在少花蒺藜草抽茎分蘖期放牧控制；在作物地，播种前用耙地机拖带废旧地毯等棉麻织品，收集地表散落的少花蒺藜草刺苞，集中焚烧或深埋处置，降低土壤中少花蒺藜草种子库，减少出苗数量。在作物生长期，适时中耕杀灭已出苗的少花蒺藜草植株。

（三）物理防治

对于少花蒺藜草散生或零星发生区域，在少花蒺藜草4～5叶期，连根拔除，集中处置；少花蒺藜草大面积发生区，在营养生长旺盛期采用机械防除。

（四）化学防治

根据不同生境采用苗前或苗后除草剂处理，除草剂使用技术见表6-1。

（五）替代控治

在少花蒺藜草的发生区选择性种植推荐的替代植物，替代植物的种类和种植方法见表6-2。

七、发生区综合防治措施

（一）草场

采取农艺、物理、替代措施防控。

（二）农田

播种前，清洁农田，清除地表少花蒺藜草刺苞；采取免耕措施，降低土壤中少花蒺藜草种子库数量；作物苗期，少花蒺藜草发生密度较小时，可采取人工拔除、刈割、机械铲除；发生密度较大时，可根据农田作物种类选择推荐除草剂防除，使用方法见表6-1；清洁田埂。

（三）荒地

在少花蒺藜草出苗后，使用推荐的除草剂防除，见表6-1；根据当地生态条件，种植替代植物，见表6-2。

（四）林地、果园

采取人工拔除、刈割、机械铲除或化学防除，除草剂使用方法见表6-1；根据当地生态条件，种植替代植物，见表6-2。

八、防治效果评价

防治措施实施后，应对控制效果进行评价；新发区域采取控制措施后，经过2个生长季节的连续监测少花蒺藜草土壤种子库、地表植物群落，未再发生，宣布根除成功，并做好后预防措施。发生区域采取防治措施4周后，进行防效评估，未达到预期控制效果的，应对综合防治方案进行评议修订，并决定是否再次启动防控程序。

主要参考文献

安瑞军, 2013. 外来入侵植物——少花蒺藜草学名的考证[J]. 植物保护, 39(2): 82-85.

安瑞军, 王永忠, 田迅, 2015. 外来入侵植物——少花蒺藜草研究进展[J]. 杂草科学, 33(1): 27-31.

安瑞军, 王永忠, 田迅, 等, 2014. 外来恶性杂草少花蒺藜草重发区的调查研究现状[J]. 杂草科学, 32(2): 28-32.

蔡天革, 闫艳芳, 唐凤德, 2016. 疏花蒺藜草浸提液化感作用的初步研究[J]. 辽宁大学学报(自然科学版), 43(4): 362-367.

陈默君, 贾慎修, 2002. 中国饲用植物[M]. 北京: 中国农业出版社.

邓自发, 周兴民, 王启基, 1997. 青藏高原矮嵩草草甸种子库的初步研究[J]. 生态学杂志, 16(5): 19-23.

董文信, 赵桂玲, 陈明川, 等, 2010. 光梗蒺藜草生物学特性调查

[J]. 内蒙古林业(1): 22.

杜广明, 曹凤芹, 刘文斌, 等, 1995. 辽宁省草场的少花蒺藜草及其危害[J]. 中国草地(3): 71-73.

封立平, 刘香梅, 赖永梅, 2001. 青岛口岸进境大豆携带危险性杂草的风险分析[J]. 植物保护, 27(5): 45-47.

福建检验检疫局, 2014. 福建检验检疫局首次截获检疫性有害生物少花蒺藜草[OL]. 中国质量新闻网, 09-14, http: //www. cqn. com. cn/news/zjpd/dfdt/951256. html.

付卫东, 张瑞海, 张国良, 等, 2015. 一种控制少花蒺藜草的方法: 中国, ZL 201510229353. 3 [P].

付卫东, 张瑞海, 张国良, 等, 2015. 一种利用豆科牧草控制少花蒺藜草的方法: 中国, ZL 201510107113. X[P].

高晓萍, 杨旋, 2008. 疏花蒺藜在阜新的分布、危害及防控措施[J]. 植物检疫, 22(1): 64-65.

关广清, 高东昌, 1982. 又有五种杂草传入我国[J]. 植物检疫(6): 2.

郝阳春, 张莹, 2012. 少花蒺藜草在阜新的分布、危害及防控措施[J]. 内蒙古林业调查设计, 35(1): 79-80.

何龙凉, 胡红东, 李小琴, 等, 2013. 防城港口岸进境转基因大豆贸易概况及检验检疫分析[J]. 大豆科学, 32(4): 539-543.

姜玲, 2007. 科尔沁沙地植被动态与水分关系的研究[D]. 北京: 中央民族大学.

姜野, 2017. 干旱胁迫和氮素添加对不同土壤基质少花蒺藜草生理生态特性的影响[D]. 沈阳: 辽宁大学.

可欣，张秀玲，刘柏，等，2006. 彰武县少花蒺藜草发生情况及防除技术[J]. 杂粮作物，26(1): 39-40.

雷强，郑根昌，石立媛，等，2016. NaCl和PEG胁迫对少花蒺藜草种子萌发的影响[J]. 内蒙古民族大学学报(自然科学版)，31(6): 492-496.

林高，翁伯琦，2005. 外来植物化感作用研究综述[J]. 福建农业学报，20(3): 202-210.

林泓，闫正跃，苏信宇，等，2012. 防城港口岸进境大豆携带杂草种子的分析[J]. 植物检疫，26(5): 57-59.

林秦文，邢韶华，马坤，2009. 北京市外来入侵植物新资料[J]. 北京农学院学报，24(4): 42-44.

刘露萍，2014. 少花蒺藜草种子萌发与出苗特性及其与本地植物的竞争[D]. 北京：中国农业大学.

刘露萍，倪汉文，谢亚琼，2014. 少花蒺藜草种子萌发与出苗特性[J]. 杂草科学，32(4): 8-11.

刘旭昕，方芳，2011. 阜新外来入侵有害生物——杂草调查及防控建议[J]. 内蒙古林业调查设计，34(1): 68-69, 62.

吕林有，赵艳，王海新，等，2011. 刈割对入侵植物少花蒺藜草再生生长及繁殖特性的影响[J]. 草业科学，28(1): 100-104.

彭少麟，向言词，1999. 植物外来种入侵及其对生态系统的影响[J]. 生态学报，19(4): 560-568.

彭爽，张成才，2015. 彰武县草原入侵少花蒺藜草综合防治试验效果观察[J]. 畜牧兽医科技信息(1): 33-34.

邱月，庄武，曲波，等，2009. 少花蒺藜草辽宁省分布现状、存在问题及防控建议[J]. 农业环境与发展(3): 56-57.

屈年华，2008. 辽宁省林业主要有害生物调查分析[J]. 中国林副特产，94(3): 83-85.

曲波，王维斌，许玉凤，2016. 一种利用羊草替代控制少地少花蒺藜草的方法: 中国，201610001868. 2[P].

斯日古楞，李良臣，高丽娟，等，2015. 入侵通辽市的少花蒺藜草特点及防控对策[J]. 中国农业信息(11): 63-64.

孙英华，吕林有，赵艳，2011. 少花蒺藜草入侵风险评估及其防控策略[J]. 安徽农业科学，39(8): 4580-4581.

唐昆，2006. 少花蒺藜草[J]. 湖南农业(5): 16.

田迅，张志新，陈艳东，2015. 科尔沁沙地不同地区少花蒺藜草种子库与种子活力结构特征[J]. 中国草地学报，37(6): 85-90.

王波，姜正春，1999. 双辽市草场的蒺藜草及其危害[J]. 草业科学，16(6): 69-70.

王坤芳，2016. 辽西北草甸草原少花蒺藜草田间发生规律研究[J]. 现代畜牧兽医(12): 21-24.

王坤芳，纪明山，李彦，等，2015. 少花蒺藜草种子萌发及幼苗生长特性初探[J]. 江西农业大学学报，37(6): 999-1004.

王巍，韩志松，2005. 外来入侵生物少花蒺藜草在辽宁地区的危害与分布[J]. 草业科学，22(7): 63-64.

王巍，韩志松，于国庆，等，2009. 入侵生物少花蒺藜草对畜禽的危害[J]. 养殖技术顾问(8): 43.

王维升, 侯国友, 王宇飞, 等, 2006. 外来有害杂草——疏花蒺藜草[J]. 植物检疫(3): 157-158.

王秀英, 张秀玲, 刘柏, 2005. 防除恶性杂草——少花蒺藜草[J]. 新农业(5): 39-40.

王志新, 2009. 光梗蒺藜草生物学特性的初步研究[D]. 呼和浩特: 内蒙古师范大学.

王志新, 贺俊英, 哈斯巴根, 2008. 光梗蒺藜草种子萌发特性的初步研究[J]. 内蒙古师范大学学报(自然科学汉文版), 37(6): 785-790.

徐军, 2011. 外来入侵植物少花蒺藜草的分布与生物学特性研究[M]. 呼和浩特: 内蒙古农业大学.

徐军, 李青丰, 王树彦, 2011a. 光梗蒺藜草在内蒙古的入侵现状[J]. 杂草科学, 30(1): 26-30.

徐军, 李青丰, 王树彦, 2011b. 科尔沁沙地蒺藜草属植物种名使用建议[J]. 杂草科学, 29(4): 1-4.

徐军, 李青丰, 王树彦, 等. 2011. 少花蒺藜草开花习性与种子萌发特性研究[J]. 中国草地学报, 33(2): 12-16.

徐庶, 2009. 53种外来生物使重庆市部分地区出现生态灾害[J]. 草业科学, 22(7): 52.

薛树媛, 金海, 郭雪峰, 等, 2007. 内蒙古荒漠草原优势牧草营养价值评价[J]. 中国草地学报, 29(6): 22-27.

闫艳芳, 2016. 疏花蒺藜草浸提液对燕麦的化感作用的研究[D]. 沈阳: 辽宁大学.

杨小波，陈明智，吴庆书，1999. 热带地区不同土地利用系统土壤种子库的研究[J]. 土壤学报，36(3): 327-332.

杨晓晖，于春堂，秦永胜，2007. 流动沙丘上生态垫防风固沙效果初步评价[J]. 生态环境，16(3): 964-967.

杨允菲，祝玲，1995. 松嫩平原盐碱植物群落种子库的比较分析[J]. 植物生态学报，19(2): 144-148.

印丽萍，刘勇，范晓虹，等，2011. 蒺藜草属检疫鉴定方法: SN/T 2760—2011[S]. 北京: 中国质检出版社.

于顺利，蒋高明，2003. 土壤种子库的研究进展及若干研究热点[J]. 植物生态学报，27(4): 552-560.

张国良，曹坳程，付卫东，2010. 农业重大外来入侵生物应急防控技术指南[M]. 北京: 科学出版社.

张国良，付卫东，张宏斌，等，2017. 少花蒺藜草综合防治技术规范: NY/T 3077—2017[S]. 北京: 中国农业出版社.

张国良，付卫东，张瑞海，等，2012. 一种向日葵替代控制少花蒺藜草的方法: 中国，ZL 201210332160. 7[P].

张国良，付卫东，张衍雷，等，2015. 外来入侵植物监测技术规程 少花蒺藜草: NY/T 2689—2015[S]. 北京: 中国农业出版社.

张金兰，2001. 严防有害杂草的侵入[J]. 植物检疫，15(6): 351-354.

张锦玉，谢从福，2010. 辽宁省北票市林业有害生物普查简述[J]. 北京农业(21): 14-16.

张瑞海，张衍雷，付卫东，等，2013. 辽宁彰武少花蒺藜草种子库动态分析[C]. 第11届全国杂草科学大会论文摘要集.

张衍雷, 2015. 少花蒺藜草遗传多样性及萌发、繁殖特性研究[D]. 北京: 中国农业科学院研究生院.

张衍雷, 张瑞海, 付卫东, 等, 2015. 不同农作措施对少花蒺藜草(*Cenchrus pauciflorus* Benth)种子库及其繁殖能力的影响[J]. 农业资源与环境学报, 32(3): 312-320.

张志权, 1996. 土壤种子库[J]. 生态学杂志, 15(6): 36-42.

张志新, 田迅, 2011. 干旱和灌溉条件下少花蒺藜草分株生物量分配特征[J]. 草业科学, 28(2): 185-188.

张志新, 章恺, 田迅, 2012. 干旱与灌溉生境下少花蒺藜草生物构件的特征[J]. 草业科学, 29(12): 1899-1903.

赵凌平, 程积民, 万惠娥, 2008. 土壤种子库研究进展[J]. 中国水土保持科学, 6(5): 112-118.

中国国门时报, 2015. 深圳蛇口: 截获少花蒺藜草[N/OL]. 中国质量新闻网《中国国门时报》, 06-30-(3), http: //www. cqn. com. cn/news/zggmsb/disan/1054335. html.

中国科学院植物研究所植物园种子组, 中国科学院植物研究所形态室比较形态组, 1980. 杂草种子图说[M]. 北京: 科学出版社.

中国科学院中国植物志编辑委员会, 1990. 中国植物志: 第10卷: 第1分册[M]. 北京: 科学出版社.

周立业, 李建华, 马菲, 等, 2013. 少花蒺藜草种子发芽特性研究[J]. 内蒙古民族大学学报(自然科学版), 28(2): 203-205.

周立业, 刘海宇, 高鸿蒙, 等, 2012. 少花蒺藜草全生育期生长特性研究[J]. 内蒙古民族大学学报(自然科学版), 27(6): 674-677.

周立业, 汪丽萍, 刘庭玉, 2013. 科尔沁沙地人工固沙林群落中少花蒺藜草种群动态及群落多样性研究[J]. 草地学报, 21(1): 87-91.

朱爱民, 任秀珍, 周立业, 2016. 少花蒺藜草种子水浸提液对3种禾本科牧草种子萌发的化感效应[J]. 畜牧与饲料科学, 37(12): 1-4.

Callaway P M, Aschehong E T, 2000. Invasive plants versus their new and old neighbors: a mechanism for exotic invasion[J]. Science(290): 521- 523.

Forbes A E, 2005. Spines and natural history of three Cenchrus species[J]. American Midland Naturalist, 153(1): 80-86.

Harper J L, 1977. Population biology of plants[M]. London: AcademicPress.

Iocirlan V, Roman N, Gehu J M, 1991. Cenchrus incertus M. A Curtis inthe Romanian flora[J]. Studii si Cercetari de Biologie(43): 1-2, 7-8.

Ridenowr W M, Callaway R M, 2001. The relative importance of allelopathy interference: the effects of an invasive weed on a native bunchgrass[J]. Oecologia(126): 444-450.

Scott N A, Saggar S, 2001. Biogeochemical impact of Hieracium invasion in New Zealand's grazed tussock grasslands: sustainability implications[J]. Ecol Appl(11): 1311-1322.

Simpson R L, 1989. Ecology of soil seed bank[M]. San Diego: Academic Press.

Trk K, Botta Dukát Z, Dancza I et al, 2003. Invasion gateways and corridors in the Carpathian Basin: biological invasions in Hungary[J]. Biological Invasions(5): 349-356.

图书在版编目（CIP）数据

少花蒺藜草监测与防治 / 付卫东等著. —北京：中国农业出版社，2018.11
（外来入侵生物防控系列丛书）
ISBN 978-7-109-24897-7

Ⅰ. ①少… Ⅱ. ①付… Ⅲ. ①禾本科牧草－一年生植物－侵入种－监测②禾本科牧草－一年生植物－侵入种－防治 Ⅳ. ①S544

中国版本图书馆CIP数据核字(2018)第260945号

中国农业出版社出版
（北京市朝阳区麦子店街18号楼）
（邮政编码 100125）
责任编辑 冀 刚

中国农业出版社印刷厂印刷　　新华书店北京发行所发行
2018年11月第1版　　2018年11月北京第1次印刷

开本：850mm×1168mm 1/32　　印张：5.75
字数：100 千字
定价：58.00 元